Informationssicherheit richtig implementieren und integrieren
1. Auflage

TÜV Media

Die ISO/IEC 27001 im IMS

TÜV Rheinland®
Precisely. Right.

Die ISO/IEC 27001 im IMS – Informationssicherheit richtig implementieren und integrieren

Autor:

Dr.-Ing. Wolfgang Kallmeyer
Partner der TÜV Rheinland Consulting GmbH

Bibliografische Informationen der Deutschen Nationalibliothek
Die Deutsche Nationalibliothek verzeichnet diese Publikation in der Deutschen Nationalbibliografie. Detaillierte bibliografische Daten sind im Internet über http://dnb.d-nb.de abrufbar.

ISBN 978-3-7406-0854-5 (Print)
ISBN 978-3-7406-0856-9 (E-Book)

Zur Nutzung der Broschüre

Daten, Daten, Daten

Praktisch jedes Unternehmen auf dieser Welt kommt mit dem Thema Informationssicherheit in Berührung. Daten in jedweder Form werden erstellt, genutzt, versendet und gespeichert, sie sind allgegenwärtig. Neben Geld sind Daten das Schmiermittel für unsere Zivilisation und den wirtschaftlichen Erfolg. Das Internet ist die Datenautobahn für Informationen aller Art. Um den Verkehr auf dieser Autobahn störungsfrei fließen zu lassen, sind Regeln notwendig, aber auch wirksame Kontrollen und ggf. auch Sanktionen gegen die, die sich nicht an die Regeln halten oder nicht halten wollen.

Zielsetzung der Broschüre

In dieser Broschüre erfahren Sie, warum Informationssicherheit in unserer digitalen Welt immer mehr an Bedeutung gewinnt. Dies gilt nicht nur für Unternehmen, sondern für alle Organisationen, Behörden und auch für jeden einzelnen Menschen. Wir erläutern Ihnen, welche Felder der Informationssicherheit heute von Bedeutung sind.

Sie erhalten Kenntnis darüber, was die International Standard Organisation (ISO) mit der Norm ISO/IEC 27001:2022 „Informationssicherheitsmanagementsystem (ISMS)" erreichen möchte, welchen Zweck und welche Schutzziele damit verfolgt werden. Wir erläutern Ihnen die Struktur der ISO/IEC 27001 und die grundlegenden Forderungen, die an ein ISMS zu stellen sind. Dabei werden auch die Veränderungen in der Norm durch die Revision im Jahr 2022 gezeigt.

Managementsystemnorm

Die ISO/IEC 27001 reiht sich ein in eine größere Gruppe von Managementsystemnormen der ISO. Welche Interaktionen mit den drei wichtigsten anderen weltweiten ISO-Normen (9001, 14001 und 45001) bestehen, haben wir in einem eigenen Abschnitt beschrieben. Wo gibt es aufgrund der Harmonized Structure (HS) Überschneidungen, die genutzt werden können, wo liegen die Unterschiede. Außerdem erläutern wir Ihnen die Regelwerke des IT-Grundschutzes des Bundesamts für Sicherheit in der Informationstechnik (BSI). Die Beiträge des BSI gehen das Thema mehr von der praktischen Seite der IT-Sicherheit an. In Ergänzung zur ISO/IEC 27001 entsteht durch die Kombination beider Sichtweisen, Managementsystem und operative IT-Sicherheit, ein ganzheitliches Bild gelebter Informationssicherheit.

Rechtsvorschriften

Kein Managementsystem der ISO kommt ohne die Berücksichtigung regulativer Forderungen in Form von Rechtsvorschriften aus. Wir geben Ihnen einen Überblick über die wesentlichen Rechtsvorschriften, die in der Informationssicherheit Anwendung finden und die beim Aufbau eines ISMS berücksichtigt werden müssen.

Integrieren und Synergien nutzen

Erfahren Sie, wie Sie die Forderungen der ISO/IEC 27001 an das Informationssicherheitsmanagement implementieren und in einem Integrierten Managementsystem (IMS) zusammenfassen können, bestehend aus ISO 9001 (Qualität), ISO 14001 (Umweltschutz) und ISO 45001 (Arbeits- und Gesundheitsschutz). Das heißt da, wo möglich, die Synergien der anderen Managementsysteme zu nutzen, um beim Aufbau des ISMS und dessen Integration in das IMS Redundanzen und somit überflüssige Mehrarbeit zu vermeiden. Die Details dazu haben wir in Form eines Tabellenwerks zusammengestellt, dass alle operativen Kapitel von Normkapitel 4 „Kontext der Organisation" bis Normkapitel 10 „Bewertung" umfasst. Die Aussagen des Normenanhangs A „Referenz zu Informationssicherheitsmaßnahmen" wurden dabei berücksichtigt.

Arbeitshilfen

Wir unterstützen Sie rund um das Thema Informationssicherheitsmanagement mit Arbeitshilfen und Mustern in Form von Formularen und Tabellen, die Ihnen beim Aufbau und der Integration der ISO/IEC 27001 in ein IMS behilflich sind.

Verweismatrix_ 27001_neu_alt.xlsx

Verweismatrix ISO/IEC 27001:2022 zu ISO/IEC 27001:2013

Die Arbeitshilfe „Verweismatrix_27001_neu_alt“ stellt die Normkapitel der Standards ISO/IEC 27001:2022 und ihrem Vorgänger ISO/IEC 27001:2013 einander gegenüber.

Verweismatrix_ 9001_14001_ 45001_27001.xlsx

Verweismatrix der Normen im betrachteten IMS

Die Arbeitshilfe „Verweismatrix_9001_14001_45001_27001“ stellt über eine Verweismatrix die Normkapitel der Standards ISO 9001, ISO 14001, ISO 45001 und ISO/IEC 27001 in der Kapitelstruktur bis herab auf die dritte Gliederungsebene mit deren Gemeinsamkeiten sowie Unterschieden einander gegenüber.

Kompatibilitäts-matrix_IMS.xlsx

Kompatibilität ISO/IEC 27001:2022 zu ISO 9001, ISO 14001, ISO 45001

Die Arbeitshilfe stellt in einer Matrix die ISO/IEC 27001 den Standards ISO 9001, ISO 14001 und ISO 45001 gegenüber und gibt durch farbliche Kennzeichnung Hinweise über die Kompatibilität der grundlegenden Anforderungen im IMS.

ISRA_Nohl.xlsx

Informationssicherheitsrisikobeurteilung ISO/IEC 27001:2022 (nach Nohl)

Die Methode nach Nohl nutzt zur Risikobewertung zwei Kriterien, zum einen die Wahrscheinlichkeit, dass sich das Risiko realisiert, und zum anderen den dadurch entstehenden Schaden (Schadenshöhe). Als Muster ist eine Matrix zur Informationssicherheitsrisikoanalyse nach Nohl beigefügt.

SoA.xlsx

Risikobehandlungsplan (SoA)

Möglichkeiten zur Behandlung von Risiken müssen ausgewählt und implementiert werden. Die getroffenen Maßnahmen sollten in einem Risikobehandlungsplan (SoA – Statement of Applicability bzw. Erklärung zur Anwendbarkeit) übersichtlich dokumentiert werden. Die Arbeitshilfe bietet Ihnen ein Muster für einen erweiterten Risikobehandlungsplan.

Nachweise.xlsx

Zuordnung ISMS-Prozesse/Nachweise zum Anhang A (ISO/IEC 27001:2022)

Die Arbeitshilfe stellt in einer Matrix, die die Zuordnung der potenziellen operativen ISMS-Prozesse und Nachweise zum Normanhang A der ISO/IEC 27001:2022 her

Download

Die Arbeitshilfen stehen für Sie zum Download bereit unter:

www.qm-aktuell.de/60854-2/

Passwort: **23150**

Sie können die Dokumente frei bearbeiten und an Ihre eigenen betrieblichen Anforderungen anpassen.

Inhalt

1 Bedeutung der Informationssicherheit

Dass es auf der Welt in puncto Informationssicherheit jede Menge zu tun gibt, ist angesichts täglicher, alarmierender Meldungen über Cyberangriffe auf Unternehmen und kritische Infrastrukturen, Beeinflussung demokratischer Wahlen, Wirtschaftsspionage in Schlüsseltechnologien, Desinformationskampagnen zur Beeinflussung von Gesellschaften und anderen Unsicherheitsnachrichten wohl unstrittig. Das Umfeld, in dem Datensicherheit immer wichtiger wird, wächst von Jahr zu Jahr. Der Mensch nimmt vielfach gar nicht mehr bewusst wahr, in welchem Umfang Informations- und Datennutzung sein tägliches Umfeld prägen. Damit geraten aber häufig auch die Gefahren aus dem Blick, die mit dem Umgang mit persönlichen Daten und der Nutzung sozialer Netzwerke sowie des Internets einhergehen.

Bewusstsein entwickeln

Ich möchte das an einem persönlichen Beispiel erläutern. Als jemand, der beruflich seit über 20 Jahren mehr als 50.000 km jährlich gefahren ist, und das ohne einen Kratzer am heiligen Blechle, hielt ich mich für einen guten Autofahrer, der alle Gefahren meistern kann. Dass dies eine Selbstüberschätzung war, wurde mir bei der Teilnahme an einem Fahrsicherheitstraining deutlich. Mit jedem Hütchen, das ich umwarf, schrumpfte das Selbstbewusstsein des guten Autofahrers. Als ich, trotz modernster Sicherheitstechnik, in speziellen Tests die Gewalt über mein Fahrzeug verlor und den physikalischen Kräften der Natur ungebremst und ungesteuert ausgeliefert war, kam mir die Erkenntnis, dass ich bisher nur unverdientes Glück hatte, dass mir nichts Schlimmeres widerfahren war. Es braucht manchmal solche Schlüsselmomente, um sich der Gefahren des täglichen Lebens – und dazu gehört auch das unreflektierte Nutzen der Technik – wieder bewusst zu werden. Ein Bewusstsein dafür zu entwickeln, was mit dem Begriff Informationssicherheit gemeint ist und wie wir täglich damit umgehen, ist dazu sicher der erste Schritt.

Selbst verursachte Vorfälle

Wenn man in öffentlichen Bereichen in unfreiwillig mitgehörten Handytelefonaten ganze Familiengeschichten erfährt, mag das ja noch lustig sein, meist ist es jedoch nur lästig. Wenn man aber am Flughafen unter Nennung von Namen unweigerlich mitbekommen muss, was für ein Idiot der Einkäufer eines großen Konzerns ist und wie viel man ihm mehr „aus den Rippen geleiert hat", als die Ware wirklich wert ist, dann werden nicht nur Grenzen des Anstands überschritten, sondern es wird bereits der Tatbestand der Geschäftsschädigung erfüllt. IT-Experten wissen, dass nach der guten alten Regel des Herrn Pareto 80 % der IT-Vorfälle nicht von Hackern oder anderen Cyberkriminellen verursacht werden, sondern von Mitarbeitern, die sich ihres Tuns nicht bewusst sind oder dessen Bedeutung unterschätzen. Die IT-Fettnäpfchen, in die wir treten können, werden von uns immer häufiger nicht mehr bewusst wahrgenommen, und leider werden die Fettnäpfchen infolge der rasanten Entwicklungsgeschwindigkeit der IT- und Medienwelt von Jahr zu Jahr mehr. Hilfreich ist da als einziges, sich regelmäßig der lauernden Gefahren des persönlichen und beruflichen Umfelds bewusst zu werden. Aus Unternehmenssicht heißt das, bewusstseinsfördernde Maßnahmen zur Verbesserung der Informationssicherheit als einen stetigen Prozess zur Mitarbeitersensibilisierung zu begreifen.

Was schützen?

Was gehört alles zu den Informationen und Daten, die geschützt werden müssen, und wer fordert das? Darauf gibt es mehrere Antworten. Zu den Interessenten an Informationsschutzmaßnahmen gehören zum einen die Organisation selbst, aber auch interessierte Parteien der Organisation wie Kunden oder der Gesetzgeber. Laut Definition ist Informationssicherheit der Schutz von Informationen einer Organisation, egal welcher Art oder Herkunft. Darunter fallen alle sensiblen Informationen und Daten, die vor unbefugten oder vorsätzlichen Handlungen, Zugriffen oder Manipulationen anderer geschützt werden müssen, um wirtschaftliche und Reputationsschäden zu vermeiden. Darüber hinaus zählt zur Informationssicherheit auch der Schutz vor höherer

Gewalt wie Feuer, Wasser, Erdbeben usw., die einen Verlust von Daten und/oder die Unterbrechung von wichtigen Datenverbindungen bewirken können.

Kleines Ereignis, große Auswirkung

Ein Beispiel ist der temporäre Verlust der Datenautobahnen im Großraum Frankfurt und am Frankfurter Flughafen, weil ein Bagger auf einer Baustelle zufällig ein zentrales Glasfaserkabel unterbrochen hat. Die Folgen waren lokal wie global zu spüren. Im Großraum Frankfurt konnten viele Firmen, so auch die Lufthansa, nicht mehr auf ihr Datennetzwerk zugreifen. Die unmittelbare Folge: Es konnten keine Starts und Landungen von Frankfurt aus mehr stattfinden, und es mussten temporär auch alle Flüge nach Frankfurt abgesagt oder umgeleitet werden. Da Frankfurt eines der großen Luftfahrtdrehkreuze dieser Welt ist, hatte das lokale Ereignis weltweite Auswirkungen auf den Flugverkehr.

Solche Zufallsereignisse machen deutlich, dass eine funktionierende IT unabdingbar für das Funktionieren unserer vernetzten Welt ist und ein Ausfall – aus welchen Gründen auch immer – unser Leben temporär durcheinanderbringt. Staatliche Stellen und große Firmen beschäftigen sich schon lange mit dem Thema kritische Infrastruktur und allem, was dazu gehört. Strom- und Energieversorgung ebenso wie Lebensmittel- und Wasserversorgung und vieles mehr hängen von einer funktionstüchtigen IT-Infrastruktur ab.

Kritische Naturkatastrophen

Das Ereignis lehrt uns, dass wir immer noch nicht alle kritischen Stellen unserer Infrastruktur kennen und auch keine ausreichenden Möglichkeiten geschaffen haben, damit konstruktiv umzugehen. Damit sind wir bei dem bekannten Spruch der Zahnärzte: „Vorbeugen ist besser als Bohren". Leider fehlt es allzu oft an der Bereitschaft zur notwendigen Vorbeugung getreu dem Artikel 3 des Kölner Grundgesetzes: „Et hätt noch emmer joot jejange" (Es ist bisher noch immer gut gegangen). Wissenschaftler warnen schon lange, dass die Probleme mit der Funktionsfähigkeit kritischer Infrastruktur infolge des Klimawandels und der damit verbundenen Extremwetterereignisse wie Überschwemmungen, Stürme, Erdrutsche und vieles mehr nicht kleiner werden. Zudem bleiben uns bekannte Risiken wie Erdbeben oder Vulkanausbrüche auch weiter erhalten. Die Auswirkung unzureichender oder gestörter Informationsübermittlung auf die Rettungsaktivitäten im Erdbebengebiet Türkei/Syrien sind noch nicht alle bekannt, werden im Nachhinein aber sicher noch untersucht werden. Die Zahl der Toten dieser Naturkatastrophe ist erschreckend hoch. Die Frage, wie viele der Opfer noch leben könnten, wenn die notwendigen Informationen zu ihrer Rettung sicher und zeitnah zur Verfügung gestanden hätten, wird wohl nie beantwortet werden.

Gezielt ausgeführte Ereignisse

In noch größerem Umfang gehen Gefahren für die Informationssicherheit von menschengemachten Ereignissen aus. Die Motive sind vielfältig und betreffen ggf. nur einzelne Personen, Firmen und Organisationen bis hin zu staatlichen Institutionen. Auch die Gründe sind vielfältiger Natur: kriminelle Aktivitäten aus Habgier, Diebstahl von geistigem Eigentum und Know-how bis hin zur Beeinflussung der öffentlichen Meinung durch Desinformation und von demokratischen Institutionen (Wahlen). Damit ist die Liste der Grausamkeiten gegen die Informationssicherheit aber noch nicht zu Ende. Die gezielte Störung von kritischer Infrastruktur und der Funktionsfähigkeit von Organisationen mit großer gesellschaftlicher Relevanz wie Unternehmen der Energie- und Wasserversorgung oder Krankenhäusern und Ministerien ist heute Teil der hybriden Kriegsführung, deren Akteure staatliche Stellen oder von staatlichen Stellen geförderte Gruppen sind.

Fehlende Ressourcen kleinerer Akteure

Neben der großen Bühne internationaler Akteure gibt es noch die kleineren Bühnen der großen, mittleren und kleinen Unternehmen und deren Status in der Informationssicherheit. Während sich weltweit agierende Konzerne große IT-Abteilungen leisten können und in ihren Unternehmen einen gewissen Standard an Informationssicherheit und darin eingeschlossen der IT-Sicherheit implementiert haben, ist es bei kleinen und mittelständischen

Unternehmen meist nicht so gut um die Informationssicherheit bestellt. Ein besonderer Schwachpunkt ist dort das Fehlen von Redundanz im personellen wie soft- und hardwaretechnischen Bereich. Verluste bei diesen meist knappen Ressourcen ziehen dann häufig automatisch schwerwiegende Folgen auch in anderen Bereichen des Unternehmens nach sich.

Meist ist es so, dass es nicht nur eine Ursache gibt, wenn Sicherheitsvorkehrung nicht greifen oder versagen, sondern mehrere unglückliche Zufälle gleichzeitig ihre unselige Wirkung entfalten. Die Folgen können Diebstahl von Firmengeheimnissen oder Datenverlust sein, ggf. sind nicht nur die eigenen Daten betroffen, sondern auch die von Kunden, Lieferanten und Geschäftspartnern.

Ursachen

Nachfolgend eine Liste wesentlicher Ursachen bzw. Faktoren:

- Unzureichende Strategie zur Informationssicherheit, weil der Stellenwert des Schutzes von Informationen und Daten nicht realistisch eingeschätzt wird.
- Fehlende Prozesse zur Aufrechterhaltung und Verbesserung eines bestehenden Schutzniveaus. Informationssicherheit ist kein statischer Zustand, sondern entwickelt sich rasant weiter.
- Unzureichende Dokumentation von Informationssicherheitsvorgaben, weil z. B. nicht aktuell, unvollständig, nicht offiziell in Kraft gesetzt, schlecht kommuniziert oder schlicht ignoriert.
- Fehlende Kontrollmechanismen lassen Fehlentwicklungen erst spät oder zu spät erkennen, und fehlende Aufklärung und Sanktionen im Fall von Verstößen verringern die Akzeptanz von Regeln.
- Lückenhafte Konfiguration und Administration von IT-Systemen aufgrund falsch definierter Rollen und unwirksamer Restriktionen bei fehlerhaftem Handeln.
- Unsichere Konfiguration von IT-Systemen, die fehlerhaftes Handeln von Nutzern unerkannt zulassen.
- Nicht gesicherte Vernetzung und Internetanbindung sowie unzureichende Abschottung sensibler IT-Systeme infolge von Konfigurationsfehlern oder wegen unzureichend geschulter Systemadministratoren.
- Nichtbeachtung von Sicherheitserfordernissen oder Vernachlässigung von festgelegten Sicherheitsmaßnahmen (z. B. unverschlüsselter Mailverkehr oder keine wirksame Zutrittskontrolle).
- Einsatz von nicht ausreichend geschulten Anwendern oder Systemadministratoren, die mögliche Infiltration zulassen oder durch fehlerhaftes Handeln ermöglichen.
- Die Wartung von IT-Systemen wird vernachlässigt, weil Wartungsarbeiten nicht oder nicht zeitnah durchgeführt werden, sei es durch Unterlassen oder verspätetes Aufspielen von Sicherheits-Updates.
- Auch der sorglose Umgang mit Passwörtern (z. B. Weitergabe von Passwörtern, nicht ausreichend komplexe Passwörter) öffnet Gefährdungen für die IT-Netzwerke.
- Gebäude und Räume werden nur unzureichend gegen unbefugtes Eindringen oder das Auftreten von Elementarschäden (z. B. Brand, Wasserschäden) geschützt.

Die Liste von Versäumnissen, z. B. falscher Mitteleinsatz, unzureichendes Personal (qualitativ wie quantitativ), nicht Erstnehmen der Bedrohung, und anderer die Informationssicherheit gefährdender Unterlassungen könnte noch erheblich verlängert werden und wird voraussichtlich auch nie vollständig sein, da sich die IT-Welt mit rasender Geschwindigkeit ändert.

Vom Problem zur Lösung

An dieser Stelle muss man sich die Frage stellen, wie man das Problem löst, denn es ist unstrittig, dass viele Organisationen und Unternehmen beim Thema Informationssicherheit ein mehr oder weniger großes Problem haben. Gemäß einer Definition ist ein Problem der Unterschied zwischen einem Ist-Zustand und einem Soll-Zustand, bei dem uns der Lösungsweg (noch) nicht bekannt ist. Damit ist geklärt, wie man von einem Problem zu einer (lösbaren) Aufgabe kommt. Man benötigt einen Lösungsansatz, der die in der Aufzählung genannten Probleme beseitigt. Ein Instrument, das wir alle kennen und das eine erprobte Lösung für diese Probleme bietet, ist ein Managementsystem.

Seit 2005 gibt es die ISO/IEC 27001 als zertifizierbaren Standard zum Informationssicherheitsmanagement. Zurzeit ist die zweite Revision der ISO/IEC 27001:2022 „Informationssicherheit, Cybersicherheit und Datenschutz – Informationssicherheitsmanagementsystem – Anforderungen" [1] gültig.

Digitale und physikalische Sicherheit

Mit welchen Themen beschäftigt sich das Informationssicherheitsmanagementsystem nach dieser ISO-Norm? Grob kann man zwei große Themen nennen, in die sich Informationssicherheit gliedert. Die digitale Sicherheit, die unter dem Begriff IT-Sicherheit gefasst wird, und die physikalische Sicherheit, die sich vom gesprochenen Wort über dokumentierte Informationen bis hin zu Betriebsstätten und -einrichtungen erstreckt.

Wichtige Themen der Sicherheit

Eine nicht abschließende Zusammenstellung der wichtigsten Themen, die der Informationssicherheit zugeordnet werden können, zeigt Abbildung 1.

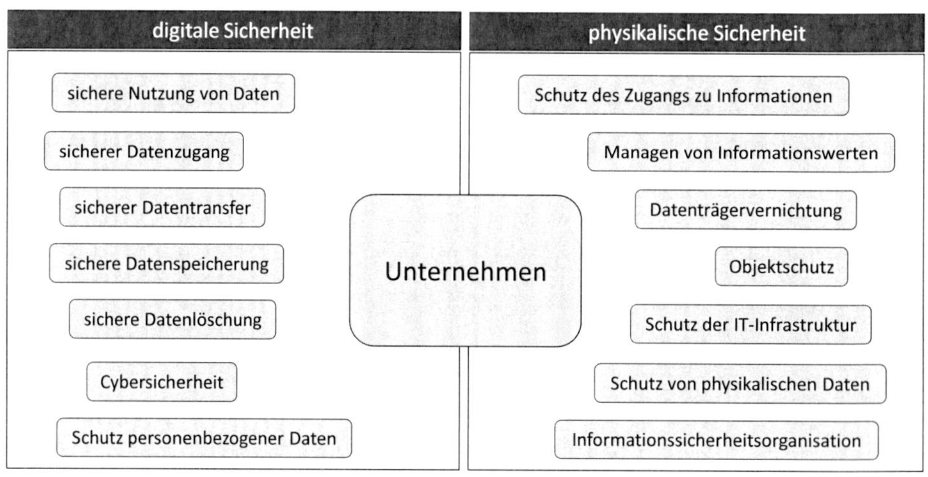

Abb. 1: Themenbeispiele zur Informationssicherheit

Hilfestellung des BSI

Wertvolle Hilfestellung zu den oben genannten Themen bietet auch das Bundesamt für Sicherheit in der Informationstechnik (BSI) [2] an. Rund um die Informationstechnologie werden Organisationen und Unternehmen in vielen Broschüren und Regelwerken sowie Schulungen Lösungen zu Fragen wie sichere Datenspeicherung oder sicherer Datentransport angeboten. Vieles davon wird unentgeltlich oder für geringe Unkostenbeiträge dem interessierten Nutzer zur Verfügung gestellt. Es mangelt also nicht an den richtigen Informationen, woran es häufig mangelt, ist die Bereitschaft, diesem Thema in der Hierarchie der Unternehmensaktivitäten die notwendige Bedeutung beizumessen.

Vernachlässigtes Thema

Informationssicherheit ist wie Rechtskonformität oder Nachhaltigkeit ein Thema, das zwar bekannt ist, dass aber häufig scheinbar nichts mit dem eigentlichen Geschäftszweck der Organisation zu tun hat. Man verdient damit kein Geld, sondern es kostet erst einmal Geld. Das Thema zu vernachlässigen kann im Schadensfall aber noch sehr viel mehr Geld kosten. Denken Sie an eine Versicherung, die nicht mehr auf ihre Kundendaten zugreifen kann, ein

Krankenhaus mit blockierten Patientendaten oder ein Hightech-Unternehmen, dem seine neuesten Forschungsergebnisse abhandenkommen. Die möglichen Folgen sind u. a. gravierende Imageschäden oder große monetäre Verluste, und im schlimmsten Fall sind Menschenleben zu beklagen. Die weltweite Vernetzung von Produktions- und Sicherheitssystemen und künstliche Intelligenz (KI) werden dem Thema Informationssicherheit noch einmal einen riesigen Bedeutungsschub verleihen.

Digitales Zeitalter

Informationssicherheit war mal leicht, vor Jahrzehnten, als Computerviren in überschaubarer Anzahl und Hacker noch sehr selten anzutreffen waren. Das Internet war zu diesem Zeitpunkt für viele so weit weg und unbekannt wie die Rückseite des Mondes. Zukünftige Generationen werden diese Epoche wohl als das analoge Zeitalter bezeichnen. Es hat nur wenige Jahrzehnte gebraucht, um das digitale Zeitalter zu etablieren. Inzwischen verbringen die Menschen im Internet mehr Zeit als mit Schlafen, und keiner denkt mehr darüber nach. Das Internet verbindet heute alles auf dieser Welt, im Guten wie im Schlechten. Es liegt an uns, was wir daraus machen und welche Folgen es für uns und andere hat, wenn wir zu wenig oder nichts tun.

Enorme Schäden

Nach Aussage des Cybersicherheitsexperten Christian Dörr (Leiter des Fachgebiets Cybersecurity/Enterprise Security am Hasso-Plattner-Institut in Potsdam) entsteht in Deutschland zurzeit jährlich ein Schaden von rund 203 Milliarden Euro durch Diebstahl von IT-Ausrüstung und Daten sowie Spionage und Sabotage. Seit dem Ukraine-Krieg nehmen die Cyberangriffe durch staatliche oder staatlich gelenkte Akteure stark zu; im Netz herrscht an vielen Stellen Krieg. Davon betroffen sind alle Bereiche der Wirtschaft und Gesellschaft.

2 Ziel und Zweck der ISO/IEC 27001:2022

Vorbeugung

Zweck der ISO/IEC 27001:2022 sind die Errichtung, Umsetzung und kontinuierliche Weiterentwicklung eines Informationssicherheitsmanagementsystems (ISMS) in privaten, öffentlichen oder gemeinnützigen Organisationen. Das Ziel der Norm ist dabei, Sicherheit bezüglich aller Arten von Informationen zu gewährleisten. Da stellt sich die Frage: Kann es absolute Sicherheit auf dieser Welt überhaupt geben? Eine Antwort darauf gibt uns der Schriftsteller und Kabarettist Joachim Ringelnatz: *„Sicher ist, dass nichts sicher ist. Selbst das nicht."* Er relativiert mit seiner zweiten Aussage seine erste Aussage. Daraus kann man folgern, dass Sicherheit kein Zufallsprodukt, sondern gestaltbar ist und dass man sich gegen negative Einwirkungen in der Informationssicherheit durch proaktives Handeln wirksam schützen kann. Proaktives, also vorausschauendes Handeln kennen wir auch unter dem Begriff Vorbeugung.

Managementsysteme

Ein weltweit anerkanntes und erprobtes Werkzeug der gezielten Vorbeugung sind Managementsysteme. Sie setzen Regeln, deren Beachtung Strukturen schafft, die negative Zufallsprodukte verhindern sollen. Das wichtigste Werkzeug dafür ist die Planung. Der deutsche Wirtschaftswissenschaftler Günter Wöhe beschreibt Planung als *„die gedankliche Vorwegnahme zukünftigen Handelns durch Abwägen verschiedener Handlungsalternativen und Entscheidungen für den günstigsten (oder sichersten) Weg"*. Planung bedeutet also das Treffen von Entscheidungen, die für die Zukunft etwas verbessern sollen. Dieser Grundsatz lässt sich auf alle Themenstellungen der Welt beziehen, auch auf die Informationssicherheit.

Informationssicherheit, Cybersicherheit und Datenschutz

Eines ist heute schon sicher: Die Bedeutung der ISO/IEC 27001 wird weiter zunehmen, da „elektronische Daten", ihre Speicherung, Verarbeitung und der Transport die Lebensader vieler Organisationen sind. Ohne entsprechende Sicherheit ist man in unserer vernetzten Welt sehr verletzlich gegenüber Hackerangriffen und Datenspionage von außen. Regierungen, Organisationen und Unternehmen können ins Wanken geraten, wenn ihre Daten in falsche Hände geraten oder der Datentransfer gestört wird. Daher hat die Revision im Jahr 2022 dem Thema Cybersicherheit besondere Aufmerksamkeit geschenkt. Dies geht auch schon aus dem neuen Titel „Informationssicherheit, Cybersicherheit und Datenschutz" hervor (alt: Informationstechnik – Sicherheitsverfahren). Die zweite inhaltliche Erweiterung der Revision betrifft das Thema des Datenschutzes, der aus guten Gründen weltweit immer stärker gesetzlichen Regulierungen unterliegt.

IMS

In einem integrierten Managementsystem (IMS) aus mehreren Managementsystemen übernehmen die Forderungen der ISO/IEC 27001 Querschnittsfunktionen in allen Geschäftsprozessen einer Organisation. Es gibt keinen Managementsystemprozess, der ohne Informationen und Daten auskommt, daher ist die Sicherheit dieser Informationen und Daten auch in einem IMS allgegenwärtig.

In der heutigen globalisierten Welt sind nicht mehr nur Betriebsmittel, Infrastruktur, Material und Waren Gegenstände, die den monetären Wert eines Unternehmens ausmachen. Software, IT-Dienstleistungen, Wissen und Informationen bestimmen heute häufig stärker den Wert eines Unternehmens als die Bilanz. Die großen Technologiefirmen haben Börsenwerte, die die körperlichen Werte in der Bilanz um ein Vielfaches übertreffen. Auch der Erfolg eines Unternehmens hängt nicht mehr nur von der Qualität seiner Produkte oder Dienstleistungen, sondern in immer größerem Umfang von den zur Verfügung stehenden Daten und Informationen ab (z. B. Google oder Amazon). Die Mengen an nutzbaren Daten und die Möglichkeiten sowie die Geschwindigkeit ihrer Verarbeitung bestimmen immer häufiger den Markterfolg. Die Aufgabe, diese Werte zu schützen und zu mehren, wird heute meist professionell vom Assetmanagement (Wertemanagement) übernommen.

Die ISO/IEC 27001 leistet in diesem Kontext zur Sicherheit von Daten und IT-Systemen einen wesentlichen Beitrag.

Mündlich, schriftlich, digital

In der Praxis werden sowohl das gesprochene Wort als auch schriftlich dokumentierte Information, Bilder und Filme oder Daten in IT-Systemen als Information betrachtet. Wenn Unternehmensinterna Informationen enthalten, die dem Unternehmen Wettbewerbsvorteile verschaffen oder ggf. Wettbewerbsnachteile bedeuten können, sind dies Werte (Assets), die ein Unternehmen schützen sollte. Schon die vorzeitige Information über einen geplanten Geschäftsabschluss bietet dem Wettbewerb die Möglichkeit, dieses Geschäft noch zu vereiteln. Daher ist es eine zentrale Aufgabe des ISMS, die Werte und Informationen zu erfassen (inventarisieren), hinsichtlich ihrer Bedeutung zu klassifizieren und den Umgang mit ihnen festzulegen. Im übertragenen Sinne sind die elektronischen Werte die Kronjuwelen einer Organisation, und Kronjuwelen wurden zu allen Zeiten besonders gut verwahrt.

Wesentliche Schutzziele

Was mit der Informationssicherheit erreicht werden soll, wird über Schutzziele definiert. Sie beschränken sich nicht auf IT-Systeme und digitale Informationen, sondern umfassen den gesamten physikalischen und digitalen Bereich. Die wesentlichen Schutzziele zeigt Abbildung 2.

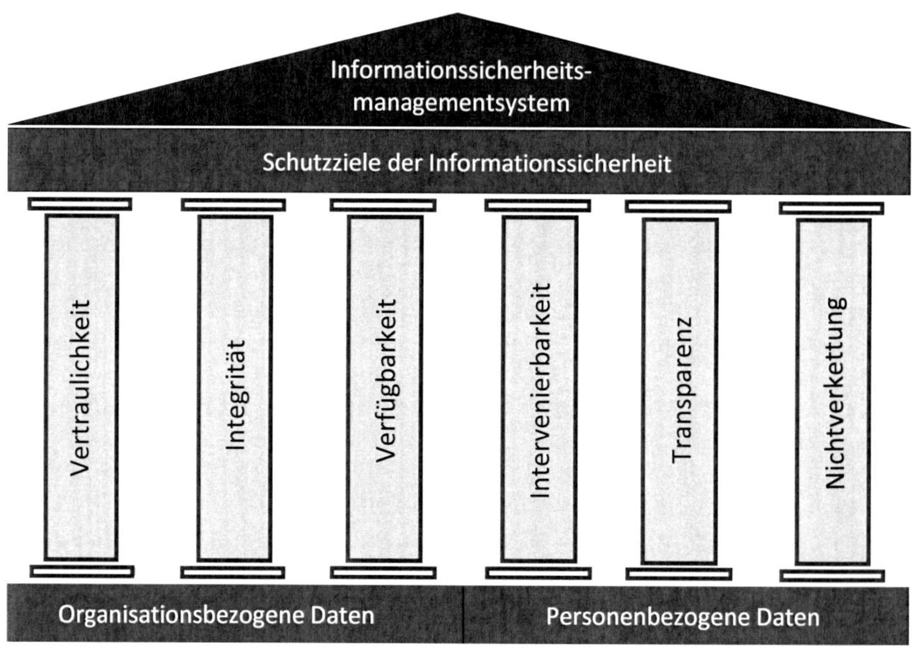

Abb. 2: Wesentliche Schutzziele eines ISMS

Diese Schutzziele werden in zwei Kategorien unterteilt: die wesentlichen Ziele der Informationssicherheit für die Organisation und ergänzende Ziele, wenn neben organisationsbezogenen Daten auch personenbezogene Daten verarbeitet werden.

Funktion der Schutzziele

Wesentliche Schutzziele und ihre Funktion:

Vertraulichkeit	Schutz von Informationen gegen Kenntnisnahme durch unbefugte Personen oder Organisationen
Integrität	Verhinderung der Verfälschung von Daten oder das Erkennen von nachträglich veränderten Daten
Verfügbarkeit	Gewährleitung eines ungehinderten Zugriffs auf Informationen und Daten, ob über IT-Systeme oder sonstige Arten der Speicherung
Intervenierbarkeit	Die Wahrnehmung von Rechten durch die Betroffenen ist jederzeit gewährleistet.
Transparenz	Welche Daten wofür verarbeitet werden, ist transparent und nachvollziehbar dokumentiert. Die Betroffenen haben das Recht auf Auskunft darüber.
Nichtverkettung	Die Datenverarbeitung ist auf den rechtmäßigen Erhebungszweck beschränkt, und die Daten dürfen nicht mit anderen Daten verknüpft werden.

Ergänzende Schutzziele

Zu diesen Schutzzielen können ggf. für die eine oder andere Organisation ergänzende Schutzziele hinzukommen wie

- *Pseudonymität* als Schutz vor namentlicher Identifizierung (§ 3 Abs. 6a BDSG),
- *Unbeobachtbarkeit* als Schutz vor Erkennbarkeit z. B. auf Bildern,
- *Revisionsfähigkeit* zur Nachvollziehbarkeit von Handlungen durch Protokollierung, z. B. von Eingriffen in die IT,
- *Verdecktheit* um sicherzustellen, dass außer den Kommunikationspartnern niemand weiß, dass Kommunikation überhaupt stattfindet.

Die Themen Datenschutz und Informationssicherheit sind untrennbar miteinander verbunden, und die Grenzen dazwischen sind auch nicht immer scharf gezogen.

Sekundärziele

Ziel und Zweck eines ISMS nach ISO/IEC 27001 kann neben dem Primärziel, dem Schutz von Informationen und Daten in Nutzung, Transport und Speicherung, auch noch das Erreichen weitere Sekundärziele sein. Eine Auswahl zeigt nachfolgende Aufzählung.

- Durch eine ISMS-Zertifizierung Schaffung von Vertrauen bei Kunden, Geschäftspartnern und in der Öffentlichkeit, dass ihre Daten in guten und sicheren Händen sind
- Steigerung der Wettbewerbsfähigkeit auf dem Markt, da neben guten Produkten/Dienstleistungen auch noch IT-Sicherheit und Cyberschutz zum Unternehmensportfolio gehören, z. B. im Onlinehandel
- Optimierung von Informationssicherheits- und IT-Kosten durch Transparenz in den Aufwendungen
- Minimierung von Geschäftsrisiken, z. B. Missbrauch, Verlust oder Offenlegung von sensiblen Daten
- Minimieren von Compliancerisiken in der Informationssicherheit
- Minimierung von Haftungsrisiken, z. B. aus Verstößen gegen Datenschutzauflagen
- Minimierung des Aufwandes bei Implementierung und Integration eines ISMS in ein bestehendes IMS durch Nutzung von Managementsystemsynergien

Ein Sprichwort lautet: „Wo ein Wille ist, ist auch ein Weg." Folglich ist der erste Schritt zu einem funktionstüchtigen ISMS der Wille der obersten Leitung, dieses Managementsystem einzuführen, die notwendigen personellen und finanziellen Ressourcen dafür bereitzustellen und das Projekt aktiv zu begleiten.

3 Die ISO/IEC 27001, Harmonized Structure und IMS-Integration

3.1 Struktur der ISO/IEC 27001 (inkl. HS)

Harmonized Structure (HS)

In den letzten 20 Jahren wurde eine Vielzahl an Managementsystemnormen von der International Organization for Standardization (ISO) neu entwickelt oder überarbeitet und anschließend publiziert. Die ISO/IEC 27001 ist nur eine davon. Da viele Unternehmen inzwischen mehr als ein Managementsystem in Form eines „Integrierten Managementsystems" (IMS) unterhalten, gab es die Forderung der nationalen Normenorganisationen an die ISO, diese Normen einer Standardisierung zu unterziehen, damit integrierte Managementsysteme von den Organisationen mit weniger Aufwand implementiert und umgesetzt werden können. Diesem Ansinnen gab die ISO im Jahre 2013 mit der ISO/IEC-Direktive, Teil 1, Konsolidierte ISO-Ergänzungen, Anhang SL („Annex SL"), Anlage 2, statt. Sie bildet die Grundlage für die High Level Structure (HLS) der ISO. Die HLS wurde nach acht Jahren einer Revision unterzogen, um den wachsenden Anforderungen der Managementsysteme an Harmonisierung weiterhin gerecht zu werden. Im Mai 2021 wurde der Annex SL einer Revision unterzogen, und aus der High Level Structure (HLS) wurde die Harmonized Structure (HS).

Die Änderungen werden in die Managementsystemnormen, die nach der Revision im Mai 2021 neu geschaffen oder einer Revision unterzogen werden, eingearbeitet. Die ISO/IEC 27001 vom Oktober 2022 ist eine der ersten überarbeiteten Managementsystemnormen, die unter neue HS fallen. Ältere Managementsystemnormen wie die ISO 9001, ISO 14001 und ISO 45001 unterliegen noch der alten HLS. Hinsichtlich der operativen Integration der revidierten ISO/IEC 27001:2022 in ein IMS aus ISO 9001:2015, ISO 14001:2015 und ISO 45001:2018 ergeben sich daraus keine Hindernisse.

Ziel Integrierbarkeit erhöhen

Die Grundsätze der HLS bezüglich Harmonisierung von Zertifizierungsnormen werden auch bei der HS beibehalten. Neben einer einheitlichen Kapitelstruktur gibt die ISO mit identischen Textbausteinen, gemeinsamen Begriffen und Definitionen auch eine Harmonisierung der Sprache vor, die – wo immer möglich – den Kern von neuen und überarbeiteten Managementsystemnormen bilden soll und somit die Klarheit in der Aussage der Forderungen verbessert. Die ISO zielt mit der HS (wie auch schon mit der HLS) darauf ab, den einheitlichen Gebrauch von gemeinsamer Kapitelstruktur, Kerntexten, Begriffen und Definitionen sicherzustellen. Die einheitliche Kapitelstruktur ist auch von großem Vorteil bei der Zusammenführung von mehreren Managementsystemen zu einem integrierten System. Die Vorteile der neuen HS-Struktur bestehen vor allem im reduzierten Aufwand bei der Pflege und Implementierung weiterer Managementsystemnormen in ein IMS und in einer wesentlichen Erleichterung der Umsetzung, da es zu keinen Widersprüchen und Überlappungen zwischen den Anforderungen der verschiedenen Managementsystemnormen kommen kann.

Einheitliche Gliederung

Wesentliches Merkmal der HS ist eine weitgehend einheitliche Gliederungsstruktur bei den Normenkapiteln auf der ersten Gliederungsebene. Diese Vereinheitlichung setzt sich zum Teil auch auf der zweiten Gliederungsebene fort. Zu den Unterkapiteln auf der zweiten Ebene können noch diverse weitere Unterkapitel auf der dritten und ggf. der vierten Gliederungsebene hinzukommen. Die dritte und die vierte Gliederungsebene enthalten in der Regel die normenspezifischen Detailregelungen der einzelnen Systeme. Die Unternehmen sind aber nicht gezwungen, die HS in die Struktur ihres integrierten Managementsystems zu übernehmen. Eine Verweismatrix zwischen der eigenen firmenspezifischen Managementsystemstruktur und der HS ist in einem solchen Fall aber hilfreich.

Die inhaltlichen Änderungen durch die HS sind in der ISO/IEC 27001:2022 eher geringfügig und werden wohl nur von sehr normenaffinen Lesern bemerkt werden. In der Kapitelstruktur hat es aber kleine bemerkbare Änderungen gegeben. Welche Änderungen in der überarbeiteten ISO/IEC 27001 auf die HS zurückzuführen sind und welche durch die Revision bedingten inhaltlichen Änderungen vorgenommen wurden, wird nachfolgend erläutert.

Die Struktur der revidierten ISO/IEC 27001 folgt den Vorgaben der HS. Auf der ersten Gliederungsebene gibt es die zehn üblichen Hauptkapitel. Die für die Anwendung der Norm wichtigen operativen Hauptkapitel sind die Normkapitel 4 (Kontext der Organisation) bis 10 (Verbesserung).

Die Kapitelstruktur der neuen ISO/IEC 27001:2022 gibt Abbildung 3 wieder.

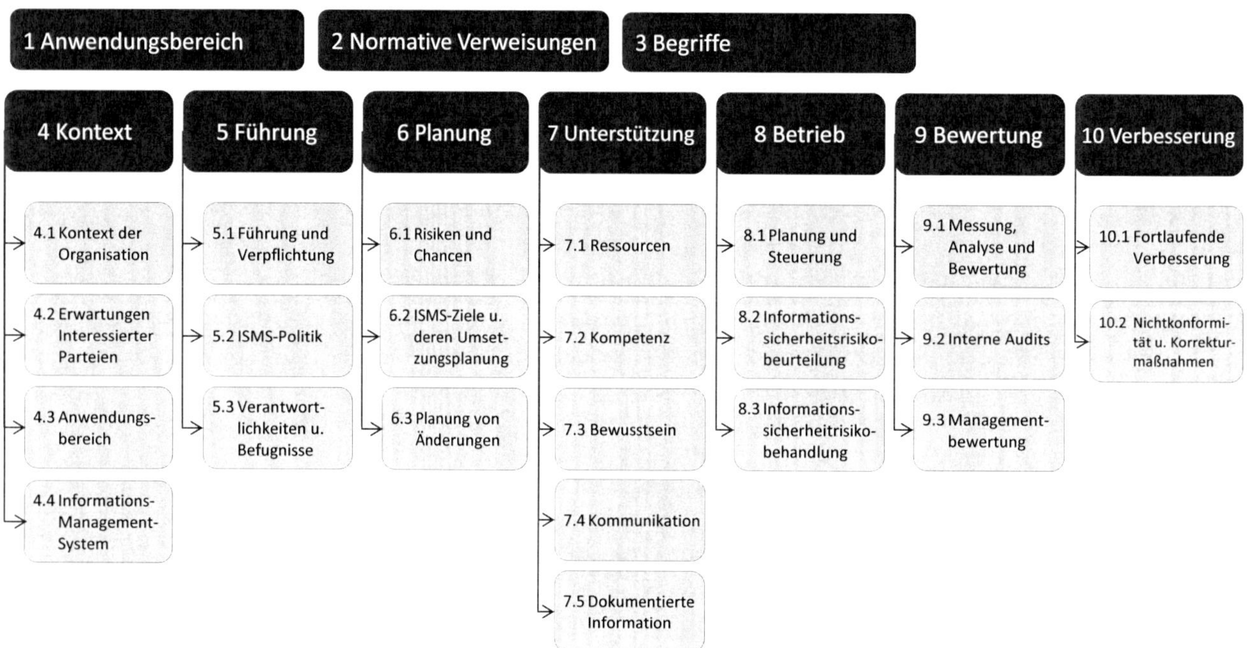

Abb. 3: Übersicht über die Kapitelstruktur der ISO/IEC 27001:2022

Überblick Normkapitel – Funktionsweise der ISO

In folgender Aufzählung wird die Funktionsweise der ISO/IEC 27001, aber auch anderer ISO-Managementsysteme, im Grundsatz dargestellt.

4. Das Normkapitel 4 und seine Unterkapitel bilden den Rahmen für das Informationsmanagementsystem (ISMS). Dabei ist von besonderer Bedeutung die Einbeziehung von internen und externen Themen sowie interessierten Parteien, die auf die Organisation einwirken und somit Einfluss auf diese ausüben können.
5. Im Normkapitel 5 sind die Aufgaben und die Verantwortung der Leitung für die Organisation und die Aufrechterhaltung sowie Wirksamkeit des ISMS niedergelegt. Das umfasst die Formulierung der grundsätzlichen Leitlinien für das Unternehmen und deren organisatorischen Aufbau.
6. Normkapitel 6 enthält den planerischen Ansatz zum Aufbau und zu möglichen Veränderungen des Managementsystems. Die Bewertung von Risiken und Chancen soll ermöglichen, Vorbeugemaßnahmen gezielt zu ergreifen, um negative Auswirkungen auf die Organisation zu verhindern und positive Auswirkungen zur Verbesserung zu nutzen. Ebenso dient die verbindliche Festlegung von Zielen und deren Umsetzung der Verbesserung des ISMS und seiner Prozesse.
7. Das Normkapitel 7 enthält Regelungen zur Bereitstellung der notwendigen Ressourcen, Personen und Mittel, die in einem ISMS als Erfolgsfaktor unabdingbar sind, und Anforderungen an die Kompetenz von Personal sowie an Kommunikation und Dokumentation.

8. Für das operative Geschäft einer Organisation am wichtigsten ist das Normkapitel 8. In ihm werden die Anforderungen an den Betrieb einer Organisation bezüglich der Planung und Steuerung der Organisationsprozesse genannt. In diesem Fall stellt sich die Frage, wie das ISMS mit seinen Anforderungen im Kontext mit den anderen Managementsystemen des IMS funktioniert.
9. Kein Managementsystem funktioniert ohne eine entsprechende Überwachung und Kontrolle. Das Normenkapitel 9 stellt die entsprechenden Instrumente der Organisation zur Verfügung. Dabei wird neben der Überwachung der Prozesse und ihrer Leistungsfähigkeit auch der Überwachung der Wirksamkeit der Managementsysteme und der Erreichung von Zielen Rechnung getragen.
10. Da Fehler und deren Folgen nie ganz auszuschließen sind, werden im Normkapitel 10 Anforderungen zum Umgang mit Fehlern bezüglich Analyse und Korrekturmaßnahmen aufgestellt. Darüber hinaus werden Forderungen nach aktiver Fehlervermeidung durch Vorbeugemaßnahmen und Instrumente zur fortlaufenden Verbesserung gestellt.

3.2 Revision ISO/IEC 27001:2022 – Was gibt es Neues?

Revisionen sind für ISO-Normen ein ganz normaler Vorgang. Ob eine Norm auf dem Markt angenommen wird oder nicht, ist eine freiwillige Entscheidung ihrer Nutzer. Bei Normen, die als Zertifizierungsgrundlage dienen, ist ein großer Anwenderkreis auch eine Frage des wirtschaftlichen Erfolgs. Laut ISO Survey 2021 sind die vier meistzertifizierten Systeme weltweit:

ISO Survey 2021

Norm	Zahl der Zertifikate
ISO 9001:2015	1.077.884
ISO 14001:2015	420.433
ISO 45001:2018	294.420
ISO/IEC 27001:2013	58.687

ISO/IEC 27001 bereits auf Platz 4

Für diese vier Managementsysteme werden über 90 Prozent aller Zertifizierungen weltweit vergeben. Während die Zahlen für die ersten drei Managementsysteme stagnieren oder nur geringe Zuwachsraten in den letzten Jahren aufweisen, ist die Zahl der ISO-27001-Zertifizierungen stetig gestiegen, zum Teil mit zweistelligen Zuwachsraten. Damit hat es die ISO/IEC 27001 bereits auf Platz 4 im Normenranking gebracht. Um so erfolgreich zu sein, muss ein Großteil der Anwender vom Nutzen des Managementsystems für die eigene Organisation überzeugt sein. Damit dies der Fall ist, werden die Normen in regelmäßigen Abständen den wandelnden Bedürfnissen der Nutzer angepasst. Bei einem Computerprogramm würde man von einem Update sprechen. Der Zeitraum von einer Normenrevision zur nächsten ist nicht fix, sondern hängt von der Zahl der Anwender und von der Dynamik des Marktes der Nutzer ab. In der Regel kann man nach mehr als 40 Jahren Erfahrung mit ISO-Managementsystemnormen von einem Revisionszeitraum von sechs bis zehn Jahren ausgehen. Für die ISO/IEC 27001 betrug der Zeitraum bis zur Revision neun Jahre (von 2013 bis 2022).

Änderungen 2013 – 2022

Die Revision betrifft zwei Bereiche der ISO/IEC 27001:2022. Da sind zum einen die strukturellen Änderungen, die weitgehend auf die Anwendung der neuen HS zurückzuführen sind, und zum anderen die inhaltlichen Änderungen, die auf der Weiterentwicklung der Norm beruhen. Bewertet man die Änderungen im Kontext der Änderungen in der ISO 9001 und der ISO 14001 in der Revision von 2015, so kommt man zu dem Schluss, dass die Änderungen im Hauptteil der Norm insgesamt eher geringer Natur sind. Die strukturellen Veränderungen infolge der neuen HS betreffen folgende Normenkapitel:

Strukturelle Änderungen

6.3 Als neues Kapitel wird das Normkapitel 6.3 „Planung von Änderungen" eingeführt. Es soll sicherstellen, das notwendige Änderungen am ISMS unter geplanten Bedingungen durchgeführt werden. Ziel des Kapitels ist es, dass das ISMS hinsichtlich seiner Funktionalität und Wirksamkeit weder während der Änderung noch danach Schaden nimmt.

9.2 Das Normkapitel 9.2 Internes Audit ist in zwei Unterkapitel untergliedert worden: das Normkapitel 9.2.1 „Allgemeines" und 9.2.2 „Programm des internen Audits". Inhaltlich sind die Forderungen gleich geblieben; sie waren bisher wegen der fehlenden Unterkapitel nur nicht so klar strukturiert.

9.3 Ebenso ist das Normkapitel 9.3 „Managementbewertung" in die drei Unterkapitel 9.3.1 „Allgemeines", 9.3.2 „Eingaben für die Managementbewertung" und 9.3.3 „Managementbewertungsergebnisse aufgeteilt worden. Auch in ihm gibt es keine inhaltlichen Änderungen.

10 In Normkapitel 10 ist die Reihenfolge der Unterkapitel 10.1 und 10.2 vertauscht worden. Was auf den ersten Blick als nicht so wesentlich erscheint, ist normativ ein Paradigmenwechsel. Dem Vermeiden von Fehlern durch aktive Vorbeugung wird eindeutig der Vorrang gegeben vor der Korrektur gemachter Fehler. So steht nun Normkapitel 10.1 „Fortlaufende Verbesserung" vor 10.2 „Nichtkonformität und Korrekturmaßnahmen". Daraus soll für die Managementsysteme der Wechsel resultieren von einer Fehlerkultur, wie gut sie im Einzelnen auch immer sein mag, zu einer Vorbeugekultur, die ohne Fehler auskommen soll.

Die inhaltlichen Änderungen in den operativen Normenkapitel 4 bis 10 fallen im Großen und Ganzen relativ moderat aus, hier genannt in der Reihenfolge der Kapitelstruktur:

Inhaltliche Änderungen

4.2 „Verstehen der Erfordernisse und Erwartungen interessierter Parteien":

Neben der Erfassung der interessierten Parteien und Nennung ihrer Erwartungen an die Organisation muss nun auch geklärt werden, wie mit den Erwartungen im ISMS umzugehen ist.

4.4 „Informationssicherheitsmanagementsystem":

Es kommt die Anforderung hinzu, dass die erforderlichen Prozesse und Wechselwirkungen des ISMS zu bestimmen sind. Damit folgt die ISO/IEC 27001 der Prozessorientierung der ISO 9001:2015 und anderer ISO-Managementsysteme. Das bedeutet, dass sich die Prozesse des ISMS in die Prozesslandschaft des IMS einfügen. Neben den Wechselwirkungen der Prozesse des ISMS untereinander sind bei einem IMS die Wechselwirkungen mit den Prozessen der anderen Managementsysteme zu berücksichtigen.

6.3 „Planung von Änderungen":

Das ganze Kapitel ist neu hinzugekommen. Es ist in vergleichbarer Form auch schon in der ISO 9001:2015 enthalten, für das IMS also nicht wirklich etwas Neues.

7.4 „Kommunikation":

Zu der Frage, worüber wann mit wem kommuniziert wird, kommt ein weiteres Kriterium hinzu, nämlich für die interessierten Parteien (wenn relevant) festzulegen, in welcher Form oder Art und Weise die Kommunikation erfolgt.

8.1 „Betriebliche Planung und Steuerung":

Das Kapitel ist um zwei neue Forderungen erweitert worden. Die erste Änderung besteht darin, dass es für die Prozesse des ISMS Kriterien geben muss, die zur Prozesssteuerung/Prozessüberwachung herangezogen werden können. Die zweite Forderung in diesem Kapitel bezieht sich auf die Beschaffung. Die Organisation muss sicherstellen, dass neben extern bereitgestellten Prozessen auch Produkte und Dienstleistungen mit Relevanz für das ISMS kontrolliert werden, was in der Umsetzung auf eine Überprüfung der Lieferantenleistung vergleichbar der ISO 9001:2015 Normkapitel 8.2.3 „Überprüfung der Anforderungen für Produkte und Dienstleistungen" hinausläuft.

9.1 „Überwachung, Messung, Analyse und Bewertung":

Es kommt die Anforderung zur Bewertung der Informationssicherheitsleistung und der Wirksamkeitsbewertung des ISMS als Regelaufgabe des ISMS-Controllings hinzu. Die Organisation muss die Informationssicherheitsleistung und die Wirksamkeit des Informationssicherheitsmanagementsystems bewerten.

9.3 „Managementbewertung":

Bei den Eingaben für das Review besteht nun auch die Forderung, dass Änderungen der Bedürfnisse und Erwartungen interessierter Parteien zu berücksichtigen sind.

Maßnahmenliste im normativen Anhang A

Die ISO/IEC 27001 verfügt über einen Normanhang A, der im Rahmen der Revision wesentliche Veränderung erfahren hat. Dieser Anhang ist als normativ gekennzeichnet, das heißt, er ist mitgeltender Teil der Norm. Die Verbindung wird über das Normenkapitel 6.1.3 „Informationssicherheitsrisikobehandlung" hergestellt. Dort steht, dass die Organisation einen Prozess zur Risikobehandlung festlegen muss, um für alle bestehenden Informationssicherheitsrisiken Maßnahmen zu deren Behandlung zu bestimmen. Diese Maßnahmen sind mit der Maßnahmenliste des Normanhangs A abzugleichen, um zu prüfen, ob die Erfassung der Informationssicherheitsrisiken der Organisation alle potenziellen Informationsrisiken erkannt hat (s. Normabschnitt 6.1.3 c).

Vollständig neue Struktur

Im Rahmen der Revision ist die Tabelle im Normanhang A von Grund auf neu strukturiert worden. Das betrifft die Gliederung der Tabelle genauso wie ihre Inhalte. Auch die Bedeutung für das ISMS hat sich etwas verschoben. Während in der alten Norm noch von einer umfassenden Liste von Maßnahmenzielen die Rede ist, ist in der neuen Norm nur noch die Rede von einer Liste von möglichen Maßnahmenzielen. Das bedeutet, dass für diese Liste kein Anspruch auf Vollständigkeit mehr erhoben wird. Welche Maßnahmenziele explizit gelten sollen, muss eine Organisation über ihre Informationssicherheitsrisikobeurteilung (Normkapitel 6.1.2) und Informationssicherheitsrisikobehandlung (Normkapitel 6.1.3) selbst ermitteln. Der Normanhang A dient nur noch als Vergleich, um zu prüfen, ob das Unternehmen auch alle wesentlichen Informationssicherheitsmaßnahmen für sich erkannt hat. Im speziellen Unternehmensfall kann es auch Informationssicherheitsmaßnahmen geben, die nicht im Normanhang A gelistet sind.

Wesentliche Änderungen

Was sind die wesentlichen Änderungen des Normanhangs A? Die alte ISO/IEC 27001:2013 hatte 14 Themenbereiche (Nr. 5 bis 18), die in 114 einzelne Sicherheitsmaßnahmen unterteilt waren. Die neue ISO/IEC 27001:2022 hat nur noch vier Themenbereiche (Nr. 5 bis 8) mit insgesamt 93 Sicherheitsmaßnahmen.

Vier Themenbereiche

Die vier neuen Themenbereiche sind:

Titel	Zahl der Sicherheitsmaßnahmen
5 Organisatorische Maßnahmen	37
6 Personelle Maßnahmen	8
7 Physische Maßnahmen	14
8 Technologische Maßnahmen	34

Insgesamt sind elf neue Sicherheitsmaßnahmen eingeführt worden. Eine Sicherheitsmaßnahme wurde nicht in den neuen Normanhang A übernommen (alt: A.11.2.5 „Entfernen von Werten"), da nach Auffassung des zuständigen Normenkomitees (ISO/IEC JCT 1/SC 27) die Inhalte bereits in der alten Sicherheitsmaßnahme A.11.2.6 enthalten sind. Diese Maßnahme ist durch die Revision in die neue Maßnahme A.7.9 überführt worden.

Neue Maßnahmen

In Tabelle 1 sind die elf neu hinzugekommenen Sicherheitsmaßnahmen aufgelistet.

Tabelle 1: Neue Sicherheitsmaßnahmen

Nr.	Titel
A.5.7	Bedrohungsinformation
A.5.23	Informationssicherheit für die Verwendung von Cloud-Services
A.5.30	Informations- und Kommunikationstechnologie (IKT) – Bereitschaft für Business Continuity
A.7.4	Physische Sicherheitsüberwachung
A.8.9	Konfigurationsmanagement
A.8.10	Löschung von Informationen
A.8.11	Datenmaskierung
A.8.12	Verhinderung von Datenlecks
A.8.16	Überwachung von Aktivitäten
A.8.23	Webfilterung
A.8.28	Sicheres Coding

Wie schon erwähnt, ist die Zahl der Sicherheitsmaßnahmen um 23 reduziert worden; die betroffenen Maßnahmen sind aber nicht weggefallen, sondern wurden nach Gemeinsamkeit des Themas zusammengefasst. Aus zwei oder drei Themen wurde ein Thema. Inhaltlich umfassen diese zusammengefassten Themen alle Inhalte der Einzelthemen. Es ist daher bis auf ein Thema, welches redundant vorhanden war, nichts weggefallen, sondern es sind elf weitere Themen hinzugekommen. Damit sind die Anforderungen in Summe nicht geringer geworden, sondern haben sich leicht erhöht.

Vergleich der Maßnahmen

In Tabelle 2 sind in der linken Spalte die aus ehemals 56 zu 24 zusammengefassten Sicherheitsmaßnahmen aufgelistet. Auf der rechten Seite finden sich zugeordnet die ehemaligen Sicherheitsmaßnahmen.

Tabelle 2: Zusammengefasste Informationssicherheitsmaßnahmen im Normanhang A.

ISO/IEC 27001:2022 (neu)		ISO/IEC 27001:2013 (alt)	
A.5.1	Informationssicherheitsrichtlinie	A.5.1.1	Informationssicherheitsrichtlinie
		A.5.1.2	Überprüfung der Informationssicherheitsrichtlinie
A.5.8	Informationssicherheit im Projektmanagement	A.6.1.5	Informationssicherheit im Projekt-management
		A.14.1.1	Analyse und Spezifikationen von Informationssicherheitsanforderungen
A.5.9	Inventar von Informationen und anderen damit verbundenen Vermögenswerten	A.8.1.1	Inventarisierung von Werten
		A.8.1.2	Zuständigkeit von Werten
A.5.10	Akzeptable Nutzung von Informationen und anderen damit verbundenen Vermögenswerten	A.8.1.3	Zulässiger Gebrauch von Werten
		A.8.2.3	Handhabung von Werten
A.5.14	Informationsübertragung	A.13.2.1	Richtlinien und Verfahren zur Informationsübertragung
		A.13.2.2	Vereinbarungen zur Informationsübertragung
		A.13.2.3	Elektronische Nachrichtenübermittlung
A.5.15	Zugangssteuerung	A.9.1.1	Zugangssteuerungsrichtlinie
		A.9.1.2	Zugang zu Netzwerken und Netzwerkdienstleistern
A.5.17	Authentifizierungsinformationen	A.9.2.4	Verwaltung geheimer Authentifizierungsinformationen
		A.9.3.1	Gebrauch geheimer Authentifizierungsinformationen
		A.9.4.3	System zur Verwaltung von Kennwörtern

ISO/IEC 27001:2022 (neu)		ISO/IEC 27001:2013 (alt)	
A.5.18	Zugangsrechte	A.9.2.2	Zuteilung von Benutzerzugängen
		A.9.2.5	Überprüfung von Benutzerzugangsrechten
		A.9.2.6	Entzug oder Anpassung von Zugangsrechten
A.5.22	Überwachung, Überprüfung und Änderungsmanagement von Lieferantendienstleistungen	A.15.2.1	Überwachung und Überprüfung von Lieferantendienstleistungen
		A.15.2.2	Handhabung von Lieferantendienst-leistungen
A.5.29	Informationssicherheit bei Störungen	A.17.1.1	Planung zur Aufrechterhaltung der Informationssicherheit
		A.17.1.2	Umsetzung der Aufrechterhaltung der Informationssicherheit
		A.17.1.3	Überprüfen und Bewerten der Informationssicherheit
A.5.31	Bestimmen und Umsetzen der anwendbaren gesetzlichen, behördlichen und vertraglichen Anforderungen	A.18.1.1	Bestimmung der anwendbaren Gesetzgebung und der vertraglichen Anforderungen
		A.18.1.5	Regelungen bezüglicher kryptografischer Maßnahmen
A.5.36	Einhaltung von Richtlinien, Regeln und Standards für die Informationssicherheit	A.18.2.2	Einhaltung von Sicherheitsrichtlinien und -standards
		A.18.2.3	Überprüfung der Einhaltung von technischen Vorgaben
A.6.8	Berichterstattung über Informationssicherheitsereignisse	A.16.1.2	Meldung von Informationssicherheitsereignissen
		A.16.1.3	Meldung von Schwächen in der Informationssicherheit
A.7.2	Physische Zutrittssteuerung	A.11.1.2	Physische Zutrittssteuerung
		A.11.1.6	Anlieferungs- und Ladebereiche
A.7.10	Speichermedien	A.8.3.1	Handhabung von Wechseldatenträgern
		A.8.3.2	Entsorgung von Datenträgern
		A.8.3.3	Transport von Datenträgern
A.8.1	Benutzerendpunktgeräte	A.6.2.1	Richtlinien zu Mobilgeräten
		A.11.2.8	Unbeaufsichtigte Benutzergeräte
A.8.8	Handhabung von technischen Schwachstellen	A.12.6.1	Handhabung von technischen Schwachstellen
		A.18.2.3	Überprüfung der Einhaltung von Technischen Vorgaben
A.8.15	Protokollierung	A.12.4.1	Ereignisprotokollierung
		A.12.4.2	Schutz der Protokollinformationen
		A.12.4.3	Administratoren- und Bedienerprotokolle
A.8.19	Installation von Software auf Systemen im Betrieb	A.12.5.1	Installation von Software auf Systemen im Betrieb
		A.12.6.2	Einschränkung von Softwareinstallation
A.8.24	Einsatz von Kryptografie	A.10.1.1	Richtlinien zum Gebrauch von kryptografischen Maßnahmen
		A.10.1.2	Schlüsselverwaltung
A.8.26	Anforderungen an die Anwendungssicherheit	A.14.1.2	Sicherung von Anwendungsdiensten in öffentlichen Netzwerken
		A.14.1.3	Schutz der Transaktionen bei Anwendungsdiensten
A.8.29	Sicherheitstests in Entwicklung und Abnahme	A.14.2.8	Testen der Systemtechnik
		A.14.2.9	Systemabnahmetest
A.8.31	Trennung von Entwicklungs-, Test- und Produktionsumgebung	A.12.1.4	Trennung von Entwicklungs-, Test- und Produktionsumgebungen
		A.12.2.6	Sichere Entwicklungsumgebung
A.8.32	Änderungssteuerung	A.12.1.2	Änderungssteuerung
		A.14.2.2	Verfahren zur Verwaltung von Systemänderungen
		A.14.2.3	Technische Überprüfung von Anwendungen nach Änderungen an der Betriebsplattform
		A.14.3.4	Beschränkung an Änderungen von Softwarepaketen

Alle Änderungen zum Normanhang A sind als Arbeitshilfe in Form einer Verweismatrix von Normanhang A ISO/IEC 27001:2022 zur ISO/IEC 27001:2013 aufgelistet.

Verweismatrix_27001_neu_alt.xlsx

4 Beziehung zu weiteren Normen und Regelwerken

4.1 Weitere Normen zum Informationssicherheitsmanagement

Die ISO/IEC 27001 ist nicht die einzige Norm zu diesem Thema, sondern es gibt eine ganze ISO 2700x-Familie, die sich ergänzend um das Regelwerk gebildet hat.

Sie lässt sich in fünf normative Anwendungsbereiche einteilen:

1. Begriffsnormen (Definitionen)
2. Anforderungsnormen (Zertifizierungsnormen)
3. Systemspezifische Leitfadennormen
4. Sektorspezifische Leitfadennormen
5. Maßnahmenbezogene Leitfadennormen

Begriffsnormen

Beginnen wir bei den Begriffsnormen. Dazu gibt es zurzeit nur ein Regelwerk, die ISO/IEC 27000:2018 „Informationstechnik – Sicherheitsverfahren – Informationssicherheitsmanagementsysteme – Überblick und Terminologie". Diese Norm gibt einen Überblick über die verschiedenen Normen der ISO/IEC-2700x-Familie und über deren Zusammenhänge. Außerdem finden sich in ihr die grundlegenden Begriffe und Definitionen für das ISMS. Die Norm entspricht in Struktur und Aufbau der ISO 9000, die die grundlegenden Konzepte und die Grundsätze des Qualitätsmanagements erläutert und eine einheitliche Definition der Begriffe zum Managementsystem im Allgemeinen und zum Qualitätsmanagement im Besonderen liefert. Bezüglich der Begriffe verweisen auch andere Anforderungsnormen gerne auf die ISO 9000, um begriffliche Redundanzen zu vermeiden. Dieses System kommt aber an Grenzen, wenn normenspezifisch viele neue Begriffe hinzukommen, wie beim ISMS. Allein in der IT-Welt herrscht eine Fachsprache, bei der fachfremde Personen nur noch Bahnhof verstehen. Um alle Nutzer der ISO/IEC 27001 sprachlich mit an Bord zu nehmen, ist die ISO 27000 neben der ISO 9000 sehr hilfreich.

Anforderungsnorm

Über die wichtigste Anforderungsnorm, die ISO/IEC 27001, brauchen wir an dieser Stelle kein Wort mehr zu verlieren. In dieser Gruppe gibt es noch ein weiteres Regelwerk, das sich an Zertifizierungsgesellschaften richtet, die ISO/IEC 27006:2015 „Informationstechnik – IT-Sicherheitsverfahren – Anforderungen an Institutionen, die Audits und Zertifizierungen von Informationssicherheitsmanagementsystemen anbieten". Für den Anwender der ISO/IEC 27001 ist dieses Regelwerk nur mittelbar von Interesse, denn es richtet sich mit seinen Forderungen an die Arbeit der Zertifizierer und ist deren Akkreditierungsgrundlage. Wie die Zertifizierungsauditoren vor Ort im Audit agieren, hat natürlich Auswirkungen für deren Kunden.

Datenschutzmanagement

Die ISO/IEC 27001 hat im Jahr 2019 mit der ISO/IEC 27701 (Sicherheitstechniken – Erweiterung zur ISO/IEC 27001 und ISO/IEC 27002 für das Managen von Informationen zum Datenschutz – Anforderungen und Leitlinien [3]) eine optionale Ergänzung erfahren. Das Datenschutzmanagementsystem (DSMS) ist eine Erweiterung des bereits etablierten Informationssicherheitsmanagementsystems nach ISO/IEC 27001 und der Leitlinien des Verhaltenskodex für Informationssicherheitsmaßnahmen gemäß ISO/IEC 27002.

Anwendungsempfehlung

Von Bedeutung ist diese Ergänzung für alle Unternehmen, die personenbezogene Daten verarbeiten. In der Praxis liefert die ISO 27701 das managementsystemspezifische Handwerkszeug, um die rechtlichen Datenschutzforderungen in Deutschland und der EU (z. B. DSGVO) umzusetzen. Die Forderung nach einem DSMS lässt sich auch aus den Forderungen der Artikel 24 und 25 der DSGVO ableiten. Damit ist die Norm für alle Organisationen interessant, die sich im Rahmen ihres Geschäftsmodells mit der Verarbeitung und

Speicherung von personenbezogenen Daten in großem Stil beschäftigen. Personenbezogene Daten bearbeitet jedes Unternehmen, das Personaldaten und/oder personenbezogene Kundendaten verwaltet. Geschieht dies nur für interne Zwecke in begrenztem Umfang, macht ein Datenschutzmanagementsystem nach ISO 27701 nicht unbedingt Sinn. Ist der Umgang mit personenbezogenen Daten in großem Stil Teil des Geschäftsmodells, z. B. im Onlinehandel oder Onlinebanking, beim Betrieb eines Rechenzentrums oder in Verwaltungsbehörden (z. B. Finanzamt, Einwohnermeldeamt), ist ein Datenschutzmanagementsystem durchaus nützlich. Wie der Titel bereits sagt, ist die ISO 27701 eine Ergänzung zur ISO/IEC 27001. Damit geht einher, dass eine Zertifizierung nach ISO 27701 nur dann möglich ist, wenn als Basis eine Zertifizierung nach ISO/IEC 27001 vorliegt. Ein weiterer Grund für eine Zertifizierung nach ISO 27701 kann auch sein, dass man damit außerhalb der EU und des Geltungsbereichs der DSGVO in der ganzen Welt nachweisen kann, dass die Grundsätze des Datenschutzes gemäß einer international anerkannte ISO-Norm gewährleistet werden.

ISO 27701 Kapitelstruktur

Was liefert die ISO 27701 zusätzlich zur ISO/IEC 27001 an Inhalten? Da ist zum einen eine von der HS abweichende Kapitelstruktur. Das Normkapitel 4 enthält Allgemeines zur Struktur der ISO 27701 und ihrem Bezug zur 27001 und 27002. In den operativ wichtigen Normkapitel 5 bis 8 stehen die zusätzlichen Forderungen bezüglich des Datenschutzes.

Normkapitel 5	DSMS-spezifische Änderungen an der ISO/IEC 27001
Normkapitel 6	DSMS-spezifische Änderungen an der ISO/IEC 27002
Normkapitel 7	Zusätzliche Forderungen für Verantwortliche im Umgang mit personenbezogenen Daten (engl. Prozessor)
Normkapitel 8	Zusätzliche Forderungen für Auftragsverarbeiter im Umgang mit personenbezogenen Daten (engl. Controller)

Anhänge

Außerdem hat die ISO 27701 noch sechs Anhänge zur Umsetzungsunterstützung bei der Einführung eines DSMS. Die Anhänge A und B sind normativ relevant, die Anhänge C bis F sind als informativ eingestuft.

49 weitere Maßnahmen

Die ISO/IEC 27001 definiert im Normanhang A1 93 Informationssicherheitsmaßnahmen (Controls); die ISO 27701 fügt dem in den Anhängen A (31) und B (18) insgesamt 49 weitere Maßnahmen für den Datenschutz hinzu. Die beiden Anhänge sind inhaltlich weitgehend identisch mit den Anforderungen der DSGVO. Der Normanhang D ordnet die Maßnahmen aus Normanhang A und B jeweils den entsprechenden Abschnitten der DSGVO zu und stellt so die Zusammenhänge zwischen Gesetz und Norm dar.

Leitfadennorm ISO/IEC 27002

Die wichtigste systemspezifische Leitfadennorm der ISO 2700x-Familie ist die ISO/IEC 27002:2022 – Informationssicherheitsmaßnahmen [4]. Einige Monate vor der ISO/IEC 27001:2022 ist im Februar desselben Jahres die ISO/IEC 27002:2022 erschienen. Diese Norm ist als Leitfaden konzipiert und steht in direkter Beziehung zur ISO/IEC 27001:2022, indem sie Hilfestellung bei der Implementierung und Umsetzung des Informationssicherheitsmanagementsystems (ISMS) gibt. Die Norm gibt aber keine Hinweise zur konkreten technischen Umsetzung von Informationssicherheit in der Praxis. Diese Lücke schließen die BSI-Regelwerke zum IT-Grundschutz.

Die Gliederung der ISO/IEC 27002 entspricht ab Normkapitel 5 den vier Hauptthemen der Tabelle des Normanhangs A der ISO/IEC 27001:2022 (organisatorische, physische, personenbezogene und technologische Maßnahmen). Die dazu gehörenden Unterkapitel haben direkten Bezug zu den Informationssicherheitsmaßnahmen in der Tabelle A.1 des Anhangs und erläutern, was z. B. unter 5.2 „Informationssicherheitsrollen und -verantwortlichkeiten" über das allgemeine Normenkapitel 5.3 „Rollen, Verantwortlichkeiten und Befugnisse" hinausgehend spezifisch für das ISMS zu beachten ist.

Das Normkapitel 4 „Aufbau des Dokuments" gibt einen Überblick darüber, wie man mit den Themen und Attributen (charakteristische Eigenschaften) im Rahmen der Informationssicherheit umgehen soll. Insbesondere das Normkapitel 4.2 „Themen und Attribute" und das Normkapitel 4.3 „Maßnahmengestaltung" geben Aufschluss darüber, wie die neuen Themen in den Normenkapiteln 4 bis 8 der ISO/IEC 27002:2022 zu verstehen sind.

Weitere Leitfäden

Für die Implementierung eines Managementsystems zur Informationssicherheit ist der Leitfaden ISO/IEC 27002 sicher das wichtigste Werk der ISO 2700x-Familie, und bei der Einführung eines ISMS sollte man dieses Regelwerk immer im Hinterkopf haben. Es gibt zurzeit noch sechs weitere ISO-Normen, die zu den systemspezifischen Leitfadennormen gehören. Nicht alle sind für die Implementierung eines ISMS von größerer Bedeutung.

ISO/IEC 27005

Nennenswert ist noch die ISO/IEC 27005:2015 „Leitfaden zur Handhabung von Informationssicherheitsrisiken". Sie unterstützt bei der Risikoermittlung, Risikobeurteilung und Risikobehandlung nach ISO/IEC 27001, 6.1 – Maßnahmen zum Umgang mit Risiken und Chancen. Der Leitfaden stellt leider nicht spezifische Methoden für das Risikomanagement dar. In der Hinsicht ist man mit der Lektüre der ISO 31000:2018 „Risikomanagement – Leitlinien" besser bedient.

ISO/IEC 27007

Ein weiteres Regelwerk aus dieser Gruppe ist die ISO/IEC 27007:2022 „Leitfaden für das Auditieren von Informationssicherheitsmanagementsystemen". Sie umfasst eine Hilfestellung zur Handhabung eines ISMS-Auditprogramms, zur Kompetenz von ISMS-Auditoren und zur Durchführung von internen Audits. Auch dafür bietet sich ersatzweise ein anderes Regelwerk aus dem breiten Fundus von ISO-Leitfäden an, die ISO 19011:2018 „Leitfaden zur Auditierung von Managementsystemen" (s. a. [5]). Dieses Dokument enthält Leitlinien zur Auditierung von Managementsystemen allgemeiner Natur, einschließlich der Grundsätze zur Auditierung, zur Verwaltung eines Auditprogramms und zur Durchführung von Managementsystemaudits. Die Inhalte sind mit denen der ISO/IEC 27007 durchaus vergleichbar, in der ISO 27007 ist der Fokus aber stärker auf ein ISMS-Audit ausgerichtet.

Sektorspezifische Leitfäden

Die nächste Stufe der ISMS-Normenfamilie bilden die sektorspezifischen Leitfadennormen. Diese Normen wurden geschaffen, um den Umgang mit der Informationssicherheit von der allgemeinen auf die Ebene spezifischer Branchen (Sektoren) zu übertragen. Damit lassen sich spezifische Besonderheiten einer Branche, z. B. Energieversorgung, mithilfe maßgeschneiderter Branchenlösungen besser in einem ISMS berücksichtigen. Die Zahl dieser Normen steigt ständig (zz. gibt es die ISO/IEC 27010, 27011, 27015 27017, 27018 und 27019). So fokussiert sich die ISO 27017 auf das Thema zusätzliche Informationssicherheitsmaßnahmen für die Bereitstellung und Nutzung von Cloud-Diensten oder die ISO 27019 auf zusätzliche Maßnahmen für die Energieversorgungsindustrie.

Maßnahmenbezogene Leitfäden

Die letzte Subgruppe der Leitfäden bilden die maßnahmenbezogenen Leitfäden, die bestimmte unterstützende Funktionen für ein ISMS erfüllen, etwa die ISO/IEC 27031:2011 „Leitfaden für die Bereitschaft von Informations- und Kommunikationstechnologien für Business Continuity in der Praxis". Dieser Leitfaden beschäftigt sich beispielsweise mit der Umsetzung der ISO/IEC 27001 im Hinblick auf die Absicherung der Kontinuität von Geschäftsprozessen. Ein weiteres Beispiel für diese Normengruppe ist die ISO/IEC 27032:2012 „Leitfaden für Cybersicherheit". Sie will sicherstellen, dass die Informationssicherheitsrisiken, die im Internet auf den Nutzer lauern, mittels Cyberspace-Maßnahmen und -Techniken erkannt und angemessen und wirksam vermieden werden können. Auch bei diesen Normen ist ein stetiger Zuwachs zu beobachten.

Die Normenreihe ISO/IEC 2700x wird voraussichtlich langfristig aus den ISO-Normen 27000 bis 277xx bestehen und weiter um Spezialthemen der Informationssicherheit erweitert werden. Alle Normen dieser Reihe behandeln verschiedene Aspekte des Informationssicherheitsmanagements. Die weiteren Normen sollen zum besseren Verständnis und zur praktischen Anwendbarkeit der ISO/IEC 27001 in einer sich schnell veränderten IT-Welt beitragen.

4.2 Zusammenspiel mit anderen ISO-Managementsystemnormen

In der Regel wird das Informationssicherheitsmanagementsystem nicht als Insellösung in einem Unternehmen implementiert, sondern als Bestandteil eines größeren Verbundes von Managementsystemen (Integriertes Managementsystem). Um die Einordnung der 27001 in ein IMS zu verdeutlichen, ist ein Beispiel-IMS aus den in Deutschland am meisten angewendeten ISO-Managementsystemen ausgewählt worden. Das IMS besteht aus der

IMS besteht aus ...

- ISO 9001:2015 – Qualitätsmanagementsysteme – Anforderungen,
- ISO 14001:2015 – Umweltmanagementsysteme – Anforderungen mit Anleitung zur Anwendung,
- ISO 45001:2018 – Managementsysteme für Sicherheit und Gesundheit bei der Arbeit – Anforderungen mit Anleitung zur Anwendung,

und neu hinzu kommt die ISO/IEC 27001 (Informationssicherheit). Eine Übersicht über die Kapitelstruktur aller vier betrachteten Normen des IMS bis auf die dritte Gliederungsebene, über deren Gemeinsamkeiten sowie die Unterschiede ist mittels einer Gegenüberstellung der Kapitelstruktur dieser vier Normen möglich.

Kontext

Im Hauptkapitel 4 „Kontext" sind die ersten vier Unterkapitel (4.1 bis 4.4) thematisch mit den anderen drei Normen identisch.

Führung

Auch im Hauptkapitel 5 „Führung" sind alle Unterkapitel auf der zweiten Gliederungsebene der drei genannten Managementsystemnormen mit der ISO/IEC 27001 identisch. Auf der dritten Gliederungsebene weicht davon nur die ISO 9001 etwas ab.

Planung

Für das Hauptkapitel 6 „Planung" gilt die Gemeinsamkeit nur für die ersten beiden Unterkapitel 6.1 und 6.2. Ein Blick auf die dritte Gliederungsebene zeigt im Normkapitel 6.1 (Umgang mit Risiken und Chancen) mit den zusätzlichen Unterkapiteln 6.1.2 „Informationssicherheitsrisikobeurteilung" und 6.1.3 „Informationssicherheitsrisikobehandlung" eine normenspezifische Besonderheit der ISO/IEC 27001. Damit soll thematisch betont werden, dass die Art der Risikosicherheitsmaßnahmen von der bewerteten Bedeutung des Informationssicherheitsrisikos abhängig ist. Das Unterkapitel 6.3 (Planung von Änderungen) gibt es in vergleichbarer Form nur in der ISO 9001:2015 (fehlt in der ISO 14001 und 45001).

Unterstützung

Das Hauptkapitel 7 „Unterstützung" ist mit seinen fünf Unterkapiteln 7.1 bis 7.5 wieder in allen vier Normen vorhanden. Dagegen ist in der ISO 9001 das Normkapitel 7.1 (Ressourcen) auf der dritten Gliederungsebene in sechs Unterkapitel bezüglich verschiedener Ressourcenarten unterteilt.

Betrieb

Im Hauptkapitel 8 „Betrieb" ist das erste Unterkapitel 8.1 (Betriebliche Planung und Steuerung) für alle vier Normen des ausgewählten IMS vergleichbar. Die Normkapitel 8.2 und 8.3 sind Spezialitäten der ISO/IEC 27001; sie befassen sich mit der Informationssicherheitsrisikobeurteilung und der Informationssicherheitsbehandlung und deren unternehmerischer Lenkung in den Prozessen des ISMS. Diese beiden Unterkapitel haben einen direkten Bezug zu den gleichnamigen Unterkapiteln 6.1.2 und 6.1.3. Die ISO 9001, 14001 und 45001 haben in Normkapitel 8 auch ihre spezifischen Unterkapitel, die von der ISO/IEC 27001 abweichen.

Bewertung

Das Hauptkapitel 9 „Bewertung“ ist von der thematischen Kapitelstruktur her auf der zweiten Ebene wieder im gesamten IMS vergleichbar. Auf der dritten Ebene gibt es im Normkapitel 9.1 (Überwachung, Messung, Analyse und Bewertung) aber schon wieder systemspezifische Unterschiede. Die Normkapitel 9.2 (Interne Audits) und 9.3 (Managementbewertung) sind auf der dritten Ebene wieder vergleichbar.

Verbesserung

Unterschiede gibt es im Hauptkapitel 10 „Verbesserung“ an zwei Stellen. In der ISO 9001, 14001 und 45001 ist ein Normkapitel 10.1 (Allgemeines) vorgeschaltet und in der ISO/IEC 27001 sind die Normkapitel 10.1 (Fortlaufende Verbesserung) und 10.2 (Nichtkonformitäten und Korrekturmaßnahmen) gegenüber den anderen drei Normen in der Reihenfolge vertauscht (Verbesserung vor Korrektur).

Details der Integrationsmöglichkeiten des ISMS in das IMS werden im Abschnitt 6 ff. diese Broschüre detailiert dargestellt.

Verweismatrix_
9001_14001_45001_
27001.xlsx

Eine Gegenüberstellung der Normenkapitelstruktur des aus vier Systemen bestehenden IMS findet sich in der Arbeitshilfe „Verweismatrix ISO 9001-14001-45001-27001“.

4.3 IT-Grundschutz des BSI

Der Schlüssel zur Informationssicherheit ist ein ganzheitliches und systematisches Informationssicherheitsmanagementsystem (ISMS), das nach dem Bundesamt für Sicherheit in der Informationstechnologie (BSI) folgende Felder der Gefährdung umfasst:

Gefährdungsfelder

- Produktion mit Produktionsunterbrechung und Zerstörung
- Internetanwendung mit Hackerangriffen, Einschleusen von Schadsoftware, Datenverlust und unbefugte Datenveröffentlichung
- Hard- und Software mit Bedienfehlern und Datenverlust
- Homeoffice und Reisen mit Fehlverhalten, Diebstahl, Manipulation, ungewollte Offenlegung von Interna
- Menschen mit Fehlverhalten, Manipulation, Spionage und Unwissenheit
- Infrastruktur mit Fehlplanung, Einwirken von Feuer/Wasser und unbefugtes Eindringen

Um den Aufbau eines solchen Systems zu unterstützen und auf operativer Ebene mit Umsetzungshilfen zu flankieren, hat das BSI unterstützende Leitfäden rund um das Thema Informations- und Cybersicherheit veröffentlicht. Eine Einführung in das BSI-Regelwerk gibt die Broschüre „Informationssicherheit mit System“ des BSI. [6]

Grundschutz-Regelwerk

Kernelement des BSI-Regelwerks ist der IT-Grundschutz mit vier BSI-Regelwerken zu verschiedenen Themenfeldern der Informationssicherheit.

BSI-Standard 200-1

Managementsystem für Informationssicherheit [7]:

Der Standard beschreibt, welche grundlegenden Anforderungen an ein Managementsystem für Informationssicherheit gestellt werden müssen. Darin wird auch beschrieben, welche Komponenten ein ISMS enthalten muss und welche Rolle die Leitungsebene dabei spielen soll. Die in diesem Standard beschriebenen Inhalte sind mit den Forderungen der ISO/IEC 27001 kompatibel; zum Teil bestehen auch Redundanzen zur Norm. Unterschiedlich ist die Detailtiefe, mit der die Forderungen formuliert sind. In der ISO/IEC 27001 sind diese mehr allgemein gehalten, wie man dies bei ISO-Managementsystemnormen gewohnt ist. Im BSI-Standard liegt der Schwerpunkt eher auf einer Hilfestellung zur praktischen Umsetzung, was sich auch im größeren Umfang dieses Regelwerks widerspiegelt.

BSI-Standard 200-2

IT-Grundschutzmethodik [8]:

Die dargestellte Methodik beschreibt, wie in Schritten die Grundlagen für ein ISMS aufgebaut und aufrechterhalten werden können. Dabei werden alle Bereiche einer Organisation betrachtet und entsprechende Methoden bereitgestellt, um ein gewisses Niveau der IT-Sicherheit zu erreichen. Für den normalen Schutzbedarf ist die sogenannte Standard-Absicherung ausreichend. Das Sicherheitsniveau einer Basis-Absicherung liegt unter dem der Standard-Absicherung, bietet aber eine gute Grundlage für den Einstieg in das Informationssicherheitsmanagement. Mit der Realisierung des Standards 200-2 hat eine Organisation einen Basis- oder IT-Grundschutz erreicht, der auch für kleine und mittlere Unternehmen mit beschränkten Mitteln zu realisieren ist.

BSI-Standard 200-3

Risikomanagement [9]:

Zielsetzung des BSI-Standards 200-3 ist es, ein möglichst einfach anzuwendendes und anerkanntes Verfahren bereitzustellen, mit dem sich Risiken der Informationssicherheit leicht erkennen, bewerten und steuern lassen. Relevant sind Risikoanalysen vor allem für IT-Objekte, die einen großen Schutzbedarf haben und deren Vertraulichkeit, Integrität oder Verfügbarkeit sichergestellt sein muss. Der BSI-Standard beschreibt in leicht nachvollziehbarer Form die schrittweise Durchführung einer Risikoanalyse. Im Prinzip werden die Grundlagen des Risikomanagements der ISO 31000:2018 in praktikabler Form auf IT-Belange angewendet.

BSI-Standard 200-4

Business Continuity Management [10]:

In diesem Standard geht es um die richtige Handhabung von Notfällen bei Ausfällen von IT- und Kommunikationseinrichtungen infolge Fremdeinwirkung oder Krisen. In solchen Fällen ist es wichtig, die zeitkritischen Geschäftsprozesse schnell wieder zum Laufen zu bringen. Welche Mittel dazu notwendig sind, wie vorbereitete Krisenreaktionspläne und eine funktionstüchtige Krisenorganisation aussehen können, wird darin beschrieben. Damit wird ein direkter Bezug zur ISO 22301:2019 „Business Continuity Management" bezüglich der Absicherung der Informationssicherheit hergestellt. Auch die fortlaufende Verfügbarkeit von IKT-Systemen ist heute eine Voraussetzung für die Aufrechterhaltung des Geschäftsbetriebs einer Organisation.

IT-Grundschutz-Kompendium

Des Weiteren gibt es noch das IT-Grundschutz-Kompendium [11] mit neun Themenfeldern zur Informationssicherheit. Das IT-Grundschutzkompendium ist eine jährlich vom BSI veröffentlichte Sammlung von Werkzeugen zur Umsetzung von Informationssicherheitsmaßnahmen.

Themenfelder

Zu den neun Themenfeldern zählen:

- Organisation und Personal
- Konzeption und Vorgehensweise
- Betrieb
- Detektion und Reaktion
- Anwendungen
- IT-Systeme
- Industrielle IT
- Netze und Kommunikation
- Infrastruktur

Bausteine, Gefährdungen, Maßnahmen

Jedes der neun Themenfelder verfügt über etliche Detailthemen (Bausteine), die Einzelheiten zum Umgang mit Informations- und IT-Sicherheitsgefährdungen der Organisation näherbringen sollen. Insgesamt sind das ca. 80 Bausteine mit ca. 500 Gefährdungen und mehr als 1.200 definierten

Standardsicherheitsmaßnahmen. Davon wird aber sicher nur ein Teil auf ein spezifisches Unternehmen zutreffen. Mit seiner Detailtiefe ist das IT-Grundschutzkompendium eher an die Adresse von Spezialisten wie IT-Systemadministratoren gerichtet.

BSI-Regelwerk vs. ISO

In welchem Kontext stehen die BSI-Regelwerke zur ISO/IEC 27001 und ihrer Einführung? Es wird vom BSI betont, dass die Kompatibilität mit einem ISMS auf der Basis der ISO/IEC 27001 sehr weitgehend ist. Insbesondere bei der Umsetzung der Anforderungen gem. Normkapitel 6.1 „Maßnahmen zum Umgang mit Risiken und Chancen" und seinen drei Unterkapiteln sind die BSI-Standards eine große Unterstützung. Die dort genannten Beispiele enthalten Synergien, die bei der eigenen Erfassung, Bewertung und Maßnahmenfindung von Informationsrisiken nützlich sind. Die Norm ist ja in ihren Forderungen sehr global gehalten, und das Verständnis für das erforderliche Handeln ist nicht immer klar. Die Beispiele in den BSI-Standards bringen da etwas Licht ins Dunkel.

Noch weiter ins operative Detail geht das IT-Grundschutz-Kompendium des BSI. Um den Normanhang A „Referenz zu Informationssicherheitsmaßnahmen" der ISO/IEC 27001 besser zu verstehen und mögliche Referenzmaßnahmen und -kontrollen für das eigene Unternehmen zu formulieren, bekommt man in dem Kompendium eine Übersicht über eine Vielzahl von potenziellen elementaren Gefährdungen der Informationssicherheit und wie man zur Risikominimierung beitragen kann. Insbesondere bei der Erstellung der Erklärung der Anwendbarkeit nach Normkapitel 6.3 (SoA => Statement of Applicability) kann das Grundschutz-Kompendium den Aufbau eines ISMS wesentlich erleichtern.

Statement of Applicability

Das SoA ist ein zentraler Bestandteil des Informationssicherheitsmanagementsystems (ISMS) von Unternehmen. In der SoA werden die Maßnahmenziele (Control Objectives) und Maßnahmen (Controls), die von einer Organisation festgelegt wurden, vorgestellt. Die SoA ist eine Tabelle, in der erkannte Informationssicherheitsrisiken aufgelistet sind und in der weiter beschrieben wird, wie die Organisation damit umgehen will. Die SoA enthält wesentliche Informationen zu

- den notwendigen Maßnahmen (dies schließt Maßnahmen aus Normanhang A der ISO/IEC 27001 und ggf. auch weitere organisationsspezifische Maßnahmen ein),
- den Gründen für das Ergreifen von Maßnahmen,
- den Gründen bei Ausschluss von Maßnahmen,
- dem Status der Umsetzung der geplanten Maßnahmen.

In die SoA können auch Maßnahmen aus den BSI-Regelwerken, insbesondere dem IT-Grundschutz-Kompendium, einfließen.

5 Regulative Forderungen in der Informationssicherheit

Bindende Verpflichtungen

Die Forderung nach Einhaltung regulativer Forderungen wird in der ISO/IEC 27001 auf den ersten Blick nicht vordringlich erhoben. Andere Normen wie die ISO 14001 oder 45001 sind da eindeutiger. Es gibt in beiden Regelwerken unter Normkapitel 6.1.3 die Forderung zur Einhaltung bindender Verpflichtungen, wobei unter „Bindenden Verpflichtungen" neben rechtlichen Pflichten auch sonstige Verpflichtungen zu verstehen sind, die sich auf Branchenstandards, Vertragsbeziehungen, Kodizes, Normen oder Leitlinien beziehen. In der Informationssicherheit wären da z. B. die Leitlinien zum IT-Grundschutz des Bundesamtes für Informationssicherheit zu nennen. Sie dokumentieren den Stand der Technik in der IT-Sicherheit. In der ISO/IEC 27001 gibt es ein solches Kapitel nicht, und auch sonst findet man im Text keinen eindeutigen Hinweis auf die Pflicht zu Einhaltung bindender Verpflichtungen. Dieser Hinweis ist mit der Anwendung der HS-Struktur auf die ISO-Managementsystemnormen eigentlich auch gar nicht mehr nötig. Das erste und damit auch sehr wichtige Normkapitel 4 „Kontext der Organisation" fordert unter 4.1, dass für das ISMS externe und interne Themen zu bestimmen sind, die für die Wirksamkeit des Managementsystems bedeutsam sind. Eines der ersten externen Themen, die einem da einfallen müssen, ist die Einhaltung regulativer Forderungen, in welcher Form sie auch auf die Organisation zutreffen mögen. Denn niemand auf der Welt lebt in einem rechts- und regelfreien Raum. Welche regulativen Forderungen im Einzelfall für eine Organisation bestehen, kann von Branche zu Branche aber sehr verschieden sein, und die Organisationen haben die Pflicht, sich um ihre bindenden Pflichten selbst zu kümmern.

Überblick

Eine Schwierigkeit besteht in dieser Hinsicht bei der Informationssicherheit: Es gibt kein übergeordnetes Zentralgesetz in Deutschland, das als Leitfaden durch die rechtlichen Regelungen führt. Darüber hinaus gibt es drei Akteure, die verbindliche Regeln (Rechtsvorschriften) zur IT-Sicherheit und zum Datenschutz erlassen können. Dies sind die Europäische Union und in Deutschland der Bund und die Länder, was das Thema komplex macht. Bezüglich der Vielzahl an Regelungen ist das Rechtsgebiet IT- und Datensicherheit zurzeit in Deutschland noch überschaubar. Wir möchten Ihnen an dieser Stelle einen kurzen Überblick über die gängigen Rechtsvorschriften geben, die im Rahmen eines ISMS nach ISO/IEC 27001 für eine Organisation Geltung haben könnten.

Datenschutz-Grundverordnung der EU

DSGVO

Die DSGVO ist als EU-Verordnung bindendes Recht in allen Mitgliedstaaten und dem nationalen Recht übergeordnet. Sie dient dem Schutz persönlicher Daten der Bürger und macht Organisationen, Behörden und Unternehmen Vorgaben dazu, in welchem Rahmen sie personenbezogene Daten erheben, verarbeiten und speichern dürfen. Zudem ist das Recht auf Auskunft über die Verwendung der Daten und die Berichtigung der Daten für den Bürger darin verankert.

Bundesdatenschutzgesetz

BDSG

Das BDSG ergänzt die DSGVO um deutsche Regelungen. Damit werden auf nationaler Ebene weitere Vorschriften für den Datenschutz erlassen. Diese konkretisieren den Datenschutz für öffentliche und auch nichtöffentliche Stellen (z. B. in Unternehmen) bei der Verarbeitung von Daten. Aber auch Regelungen zur Videoüberwachung und zur Datenverarbeitung im Beschäftigtenverhältnis finden sich im BDSG. Das BDSG wird ggf. durch spezifische Regelungen der Bundesländer weiter ergänzt.

IT-SiG

IT-Sicherheitsgesetz 2.0

Bei dem Gesetz handelt es sich um ein sogenanntes Artikelgesetz. Unter einem Artikelgesetz verstehen Juristen ein Gesetz, durch das gleichzeitig mehrere andere Gesetze erlassen oder geändert werden, ggf. auch in unterschiedlichen Rechtsgebieten. Zielsetzung des IT-SiG ist, die Integrität von Daten und IT-Infrastruktur zu sichern. Im Fokus des Gesetzes stehen Unternehmen und Organisationen aus Sektoren, die systemkritische Infrastruktur betreuen. Diese Sektoren sind gemäß BSI: Energie, Informationstechnik und Telekommunikation, Transport und Verkehr, Medien und Kultur, Wasser, Ernährung, Finanz- und Versicherungswesen, Abfallentsorgung, Gesundheit, sowie Staat und Verwaltung. Diese Liste ist nicht abschließend und erfährt häufig Änderungen, z. B. aufgrund von EU-Recht.

KRITIS-V

Verordnung zur Bestimmung kritischer Infrastruktur 2.0

Die KRITIS-Verordnung ist eine Ergänzung zum IT-SiG. Sie benennt Pflichten für die Betreiber von kritischer Infrastruktur aus zuvor genannten Sektoren. Diese Pflichten bestehen z. B. in der Meldung von Störungen in deren IT-Systemen, der Umsetzung des Stands der Technik in IT-Systemen, in der Bereitstellung von Krisenreaktionsplänen und in der Durchführung eines Sicherheitsaudits alle zwei Jahre. Verantwortlich für deren Durchführung ist das BSI. Auch diese Verordnung unterliegt aufgrund von EU-Rechtsvorschriften häufigen Änderungen.

NIS 2.0

NIS-Richtlinie 2.0 der EU

Die NIS-Richtlinie ist eine Richtlinie der EU zur Steigerung der Netzwerk- und Informationssicherheit. Die NIS 2.0 gilt für Betreiber kritischer Infrastrukturen und legt Cyber-Security-Mindeststandards in der EU fest. Damit reagiert die EU auf die erhöhte Bedrohungslage und die damit verbundenen größeren Anforderungen an Cybersicherheit. Die Mitgliedstaaten müssen die neuen Regelungen national umsetzen. Die NIS-Richtlinie ist am 16.01.2023 in Kraft getreten. Die Mitgliedstaaten haben 21 Monate Zeit zur Umsetzung in nationales Recht.

TTDSG

Telekommunikation-Telemedien-Datenschutz-Gesetz

Dieses Gesetz dient der Umsetzung der Richtlinie 2002/58/EG des Europäischen Parlaments und des Rates vom 12. Juli 2002 über die Verarbeitung personenbezogener Daten und den Schutz der Privatsphäre in der elektronischen Kommunikation. Das TTDSG regelt unter anderem den Schutz von Vertraulichkeit und Privatsphäre bei der digitalen Kommunikation (z. B. über Websites, Messenger-Dienste oder E-Mail) sowie bei der Nutzung von internetfähigen Endgeräten wie Smart-Home-Geräten. Es macht den Anbietern von Telemedien und -kommunikation Vorgaben, wie sie bei der Verwendung und Übermittlung der Daten die vorgegebenen Datenschutzgrundsätze anzuwenden haben.

ePrivacy-VO

ePrivacy-Verordnung der EU

Die ePrivacy-Verordnung (ePrivacy-VO) regelt die Nutzung elektronischer Kommunikationsdienste innerhalb der Europäischen Union und soll die Datenschutzrichtlinie für elektronische Kommunikation (Richtlinie 2002/58/EG) ersetzen. Die Inkraftsetzung wird voraussichtlich erst in 2024 erfolgen, da es derzeit noch weiteren Abstimmungsbedarf der EU-Staaten gibt. ePrivacy ist der gängige Begriff, wenn es um den Umgang mit personenbezogenen Daten im Internet und den damit verbundenen Schutz der Privatsphäre geht. Die ePrivacy-Verordnung ergänzt die Regelungen und Vorschriften zum Datenschutz der EU-Datenschutz-Grundverordnung (EU-DSGVO). Wenn sie verabschiedet wird, ist sie als EU-Verordnung für Mitgliedstaaten der EU sofort rechtlich bindend.

Weitere Vorschriften

Auch wenn die Zahl der genannten Rechtsvorschriften übersichtlich ist: Es gibt weitere Gesetze, die mittelbar Bezug zur IT-Sicherheit haben. Zu nennen sind z. B. das Aktien- und das GmbH-Recht. So besteht nach dem Gesetz zur Kontrolle und Transparenz (KontraG), das auf Aktiengesellschaften Anwendung findet, die Pflicht des Vorstands, ein Risikomanagementsystem zu unterhalten, um bestandsgefährdende Risiken vom Unternehmen abzuwenden. Für gewisse Branchen mit großer IT-Affinität (z. B. Internethandel) gehören auch bestandsgefährdende IT-Risiken dazu.

Bleibt noch zu klären, welche IT-Rechtsvorschriften welche Organisationen betreffen. Eine pauschale Aussage ist dazu nicht möglich, da die Geschäftsmodelle von Unternehmen ggf. nur zum Teil unter die IT-Sicherheit fallen. In der folgenden Aufstellung werden Sektorenkategorien und IT-Rechtsvorschriften grob einander zugeordnet.

Kategorie A

A) Unternehmen, die als Betreiber von kritischer Infrastruktur gemäß der Auflistung des BSI gelten, z. B. Informationstechnik und Telekommunikation, Energie und Elektrizitätsversorgung oder Gesundheitswesen.

Kategorie B

B) Unternehmen, die vertragliche Vorgaben ihrer Kunden hinsichtlich Informationssicherheit erfüllen müssen. Darunter fallen Unternehmen, die Teile von streng kontrollierten Lieferketten sind (z. B. Automobilindustrie oder Luftfahrt).

Kategorie C

C) Alle anderen Unternehmen und Organisationen, die im Rahmen ihrer Tätigkeit Bezug zur Informationssicherheit haben.

Tabelle 3: Kategorien von Organisationen

Kategorie A	Kategorie B	Kategorie C
IT-Sicherheitsgesetz	TTDSG	TTDSG
Kritis-Verordnung	DSGVO	DSGVO
NIS-Richtlinie	BDSG	BDSG
DSGVO	Ggf. Aktien- und GmbH-Recht	Ggf. Aktien- und GmbH-Recht
BDSG	Ggf. Anforderungen aus ISO/IEC 27001 oder TISAX	
Ggf. Aktien- und GmbH-Recht		

Anmerkung: Diese Aufstellung erhebt keinen Anspruch auf Vollständigkeit.

Zertifizierungen

Neben Gesetzen spielen in der Informationssicherheit auch Zertifizierungen eine große Rolle. Denn vielen Unternehmen ist der Aufbau eines Informationssicherheitsmanagementsystems nicht gesetzlich vorgeschrieben. Es wird jedoch von Kunden, Investoren und Partnern erwartet. Die Zertifikate belegen die Einhaltung eines Mindeststandards in der Informationssicherheit. Zwei Zertifizierungen sind da zurzeit zu nennen: die Zertifizierung nach dem internationalen ISO-Standard 27001 und TISAX (Trusted Information Security Assessment Exchange). Letztere betreffen einen Großteil der Zulieferer und Dienstleister der Automobilhersteller und deren Tochterunternehmen. Dabei geht es um den Schutz der Daten, ihrer Integrität und Verfügbarkeit im Herstellungsprozess sowie im Betrieb von Fahrzeugen. Im Rahmen eines IMS sollten die Regelungen zum Umgang mit Rechtsvorschriften aus der ISO 14001 und/oder 45001 auch auf die ISO/IEC 27001 Anwendung finden.

6 Integration der Forderungen des ISMS in ein IMS

6.1 Einführung

Integrierte Managementsysteme sind in Unternehmen heute eher die Regel als die Ausnahme. Dank der HS, ihrer gemeinsamen Struktur und der Harmonisierung der bestehenden Managementsysteme gibt es in den Normen viele Kapitel mit vergleichbaren Forderungen. Dies gilt insbesondere für die systemrelevanten Kapitel, die allgemeingültige Anforderungen bezüglich Aufbau, Kontrolle und Überwachung der Systeme formulieren. In diesen Fällen kann und sollte auch die Erfüllung dieser Forderung integriert erfolgen, also z. B. nur eine Regelung für interne Audits oder dokumentierte Information. In anderen Fällen reicht eine normenspezifische Ergänzung (z. B. zur ISO/IEC 27001) zu einer bestehenden Regelung (Prozess/Verfahren) im IMS aus, um die Lücke zu schließen. Einen möglichen Weg zur Integration der ISO/IEC 27001 in ein IMS, bestehend aus ISO 9001, 14001 und 45001, beschreiben die folgenden Normkapitel: Kontext der Organisation (6.2), Führung (6.3), Planung (6.4), Unterstützung (6.5), Betrieb (6.6), Bewertung der Leistung (6.7) und Verbesserung (6.8).

Kompatibilitäts-matrix_IMS.xlsx

Ein direkter Vergleich der Forderungen der ISO/IEC 27001 mit dem, was die anderen Normen des IMS (ISO 9001, 14001, 45001) bereits an Regelungen mitbringen, zeigt, dass in den meisten Fällen schon die Erfüllung der Forderungen dieser Normen ausreicht, um auch den Anforderungen der ISO/IEC 27001 zu genügen (siehe Arbeitshilfe, grüne Felder). Ein Teil erfüllt die Forderungen nicht vollständig, d. h., die bestehenden Regelungen im IMS müssen hinsichtlich spezifischer Forderungen der ISO/IEC 27001 ergänzt werden (siehe Arbeitshilfe, gelbe Felder). Es gibt aber auch Forderungen in der ISO/IEC 27001, die keinen oder nur geringen Bezug zu Regelungen in den anderen Normen im IMS haben. Diese Kapitel müssen mit systemspezifischen Regelungen zum ISMS neu erstellt werden (siehe Arbeitshilfe, rote Felder). Die Kompatibilität (Übereinstimmung) zwischen der ISO/IEC 27001 und den drei Normen des IMS, der ISO 9001, 14001 und 45001, ist in der Arbeitshilfe „Kompatibilität mit anderen ISO-Managementsystemen: ISO/IEC 27001:2022" dargestellt.

Aufbau eines zertifizierbaren ISMS/IMS

Für eine Organisation, die ein Informationssicherheitsmanagementsystem nach ISO/IEC 27001 erstmals einführen möchte, stellen sich zwei Aufgaben gleichzeitig: der Aufbau des Managementsystems und die Integration der Anforderungen in das bestehende normative Gerüst des IMS. Das große Ziel sollte dabei darin bestehen, erstens ein zertifizierfähiges ISMS gemäß den Anforderungen der ISO/IEC 27001 zu implementieren und zweitens die bestehenden Regelungen des IMS für vergleichbare Forderungen der ISO/IEC 27001 zu nutzen, um Redundanzen im Gesamtsystem zu vermeiden. Um ein zertifizierbares ISMS zu implementieren, sollte man im Vorfeld die Erfordernisse und Erwartungen der interessierten Partei kennen, die es später zertifizieren soll. Die Sichtweise eines Zertifizierungsauditors zu kennen und beim Aufbau des eigenen ISMS zu berücksichtigen erleichtert die Aufgabe ungemein. In welcher Art ISMS-Auditoren auf die ISO/IEC 27001:2022 und deren revisionsbedingte Neuerungen blicken, lässt sich anhand ihrer Interpretation der Anforderungen im Beitrag „Zertifizierung nach ISO/IEC 27001" nachvollziehen [12]. Kapitel für Kapitel, von Normkapitel 4 bis 10, werden die Forderungen der ISO/IEC 27001 hinsichtlich der Umsetzungserwartungen aus Sicht der Auditoren analysiert. Dabei werden auch die Fragen beantwortet, an welchen Stellen dokumentierte Vorgaben zur eindeutigen Regelung benötigt werden und an welcher Stelle dokumentierte Nachweise erforderlich oder wo Kennzahlen zum Leistungsnachweis hilfreich sind. Die Ausführungen der Auditoren wurden in den nachfolgenden Kapiteln zum Aufbau und zur Integration des ISMS berücksichtigt.

Drei Kategorien der Kompatibilität

Der Schwerpunkt der Ausführungen wird daher auf die Integration gelegt, d. h. Kompatibilität der Forderungen der ISO/IEC 27001mit denen der ISO 9001, 14001 und 45001. Die Kompatibilität lässt sich der Einfachheit halber in drei Kategorien unterteilen:

A Anforderungen sind unmittelbar (direkt) vergleichbar (z. B. 4.2 „Verstehen der Erfordernisse und Erwartungen interessierter Parteien" kommt in allen drei IMS-Normen vor);

B Anforderungen sind mittelbar (indirekt) vergleichbar (z. B. 6.3 „Planung von Änderungen" in der ISO/IEC 27001 kommt nur in der ISO 9001 im gleichnamigen Kapitel vor, in der ISO 14001/45001 fehlt dieses Unterkapitel).

C Anforderungen sind nicht vergleichbar (z. B. 8.3 „Informationssicherheitsrisikobehandlung" kommt nur in der ISO/IEC 27001 vor, in den anderen Normen des IMS fehlt es).

Kompatibilität ISO/IEC 27001 mit IMS

Um die Kompatibilität der Forderungen der ISO/IEC 27001 mit denen der Managementsysteme des IMS übersichtlich anzuzeigen, sind die Felder der Forderungen des ISMS nachfolgend mit den Buchstaben A, B und C sowie farblich markiert.

A – Kompatibilität hoch **B** – Kompatibilität mittel **C** – Kompatibilität gering

Aufbau der Übersicht

Der Übersichtlichkeit halber sind die Ergebnisse bezüglich Integration nach folgenden Punkten einheitlich gegliedert.

Punkt 1 gibt mittels Farbcodes und Kategorie (A, B, C) Hinweis auf die Kompatibilität im IMS

Punkt 2 enthält ggf. Erläuterungen und Hintergrundinformationen zur Forderung des Normenkapitels, wenn dieses nicht selbsterklärend ist

Punkt 3 beschreibt die Forderungen der ISO/IEC 27001

Punkt 4 zeigt die Kompatibilität der Forderungen und die Form der Integration der Anforderung des ISMS ins IMS

Punkt 5 enthält die dazu notwendigen Aktivitäten

Punkt 6 wird ggf. genutzt, um weitere Hinweise zur Erläuterung der Umsetzung oder Integration zu geben

Normkapitel 4

6.2 Kontext der Organisation

Normkapitel 4.1

6.2.1 Verstehen der Organisation und ihres Kontextes

Kompatibilität: A – Kompatibilität hoch

Erläuterungen: keine

Forderung des ISMS: Relevante interne und externe Themen bestimmen, die sich auf das ISMS und seine beabsichtigten Ergebnisse auswirken können (Kontextanalyse).

Integration ins IMS: Die Anforderungen sind im Prinzip über die drei bestehenden Managementsysteme des IMS abgedeckt.

Die ISO 9001 geht sogar mit einer Forderung darüber hinaus. Danach muss der Kontext regelmäßig überwacht und überprüft werden. Diese Forderung auch auf das ISMS anzuwenden ist sinnvoll, da sich der Kontext gerade in der IT laufend ändert. Eine integrierte Kontextbeschreibung ist für das IMS unter Einschluss des ISMS möglich.

To-dos: Vergleichen, ob alle genannten Kontextthemenbeispiele im IMS erfasst sind. Bezüglich des ISMS kommen die Kontextthemen rechtliche und regulative Anforderungen, Erwartungen des Markts, technologische Entwicklungen in der IT, Cyberspace- und Cloudnutzung, Geschäftsstrategie und Erwartungen der Eigentümer hinsichtlich Informationssicherheit, Bewusstsein und Wissen der Mitarbeiter zur Informationssicherheit, Informationsunternehmenswerte (Assets) ggf. zusätzlich infrage.

Die bestehende Kontextbeschreibung des IMS ist um die fehlenden Kontextpositionen des ISMS zu ergänzen, und ggf. sind bestehende Themen um Einflüsse der Informationssicherheit zu erweitern.

Hinweise: Bei der Bestimmung der internen und externen Themen wird der Bezug zur ISO 31000:2018 „Risikomanagement – Leitlinien" Normkapitel 5.4.1 hergestellt, da aus den Kontextthemen auch Risiken für die Informationssicherheit abgeleitet werden können (z. B. Internet).

Normkapitel 4.2

6.2.2 Erfordernisse und Erwartungen interessierter Parteien

Kompatibilität: A – Kompatibilität hoch

Erläuterungen: Aus dem Kontext können sich auch interessierte Parteien ableiten lassen (z. B. könnte der Kontext Internetnutzung einen Cloudanbieter generieren).

Forderung des ISMS: Relevante interne und externe interessierte Parteien sowie deren Anforderungen und Erwartungen bezüglich Informationssicherheit bestimmen (Stakeholderanalyse).

Integration ins IMS: Die Anforderungen sind im Prinzip über die bestehenden Managementsysteme des IMS abgedeckt.

Die ISO 9001 geht sogar mit einer Forderung darüber hinaus. Demnach müssen die interessierten Parteien regelmäßig überwacht und überprüft werden. Diese Forderung auch auf das ISMS anzuwenden ist sinnvoll, da die Erwartungen der interessierten Parteien gerade im Hinblick auf die IT sich laufend ändern.

Integrierte Beschreibung des Stakeholdermanagements für das IMS möglich.

To-dos: Vergleichen, ob alle Stakeholder im IMS auch für das ISMS erfasst sind. Bezüglich des ISMS können weitere Stakeholder hinzukommen oder bestehende Stakeholder können erweiterte Erwartungen in puncto Informationssicherheit haben.

Zu nennen wären z. B. das Bundesamt für Sicherheit in der Informationstechnik (BSI), Anbieter von Cloudanwendungen und IT-Servicedienstleistungen, IT-Versicherungen, Betroffene und Beteiligte im Datenschutz.

Die bestehende Stakeholderanalyse des IMS ist um die fehlenden Stakeholder des ISMS zu ergänzen, und ggf. sind bestehende Stakeholder um ihre Erwartungen an die Informationssicherheit zu erweitern.

Hinweise: In der Anmerkung zu diesem Kapitel wird gesagt: *„Die Anforderungen interessierter Parteien können gesetzliche und regulatorische Vorgaben sowie vertragliche Verpflichtungen beinhalten"*. Diese Anforderung existiert bereits in der ISO 14001 und 45001, und der Umgang damit kann für die ISO/IEC 27001 übernommen werden.

Normkapitel 4.3

6.2.3 Festlegen des Anwendungsbereichs des ISMS

Kompatibilität: A – Kompatibilität hoch

Erläuterungen: In den meisten Fällen dürfte der Anwendungsbereich des ISMS dem des IMS entsprechen.

Forderung des ISMS: Bestimmen der organisatorischen und geografischen Grenzen des Anwendungsbereichs des ISMS. Dabei zu berücksichtigen sind der Kontext (4.1) und die interessierten Parteien (4.2), außerdem die Schnittstellen zwischen der Organisation und externen Dienstleistern.

Der Anwendungsbereich muss dokumentiert sein.

Integration ins IMS: Der Geltungsbereich des ISMS sollte im Regelfall durch die Festlegungen des IMS weitgehend abgedeckt sein. Ggf. zusätzlich zu berücksichtigen sind Schnittstellen zu externen Anbietern von IT-Dienstleistung (z. B. Cloudnutzung).

To-dos: Ggf. Einbeziehung von wichtigen externen Dienstleistern und Vertragspartnern mit dauerhafter Leistungserbringung für die Organisation (ausgelagerte Prozesse) im Informationssicherheits- und IT-Bereich in den Geltungsbereich des ISMS. Dazu können auch andere Konzerngesellschaften gehören, wenn sie solche Dienstleistungen für die Organisation erbringen. Beispiel: Muttergesellschaft betreibt für den gesamten Konzern ein Rechenzentrum.

Hinweise: Bei der Erweiterung des Geltungsbereichs auf externe Partner unterliegen diese ggf. auch der Pflicht zur internen/externen Auditierung und Einbindung in das Managementreview. Diese Forderung kann durch eine eigene Zertifizierung der Externen nach ISO/IEC 27001 erfüllt sein.

Normkapitel 4.4

6.2.4 Informationssicherheitsmanagementsystem

Kompatibilität: A – Kompatibilität hoch

Erläuterungen: keine

Forderung des ISMS: Aufbau, Verwirklichung, Aufrechterhaltung und Verbesserung des ISMS gemäß den Anforderungen der ISO/IEC 27001.

Integration ins IMS: Keine grundsätzlich anderen Anforderungen in der ISO/IEC 27001, die über die Forderungen der ISO 9001/14001/45001 hinausgehen.

In den drei anderen Normen des IMS kommt noch die Forderung zur Einführung der notwendigen Prozesse für das Managementsystem hinzu. Diese Forderung sollte auch auf das ISMS angewendet werden, da Prozesse zur Umsetzung eines ISMS wie in den anderen Managementsystemen notwendig sind.

To-dos: Ergänzung des Prozessschaubilds um die Prozesse des ISMS. Erweiterung der IMS-Politik um ISMS-Themen. Erstellung der notwendigen Prozessdokumentation für neu hinzugekommene Anforderungen des ISMS. Davon betroffen sind die Forderungen der ISO/IEC 27001, die nur eine geringe oder keine Kompatibilität mit den anderen Normen des IMS aufweisen (alle hier mit Kategorie C (rot) markierten der Forderung des ISMS) und die komplett neue Prozesse notwendig machen. Ansonsten sind die vorhandenen Prozesse des IMS um ISMS-Inhalte zu ergänzen.

Hinweise: keine

Normkapitel 5

6.3 Führung

Normkapitel 5.1

6.3.1 Führung und Verpflichtung

Kompatibilität: A – Kompatibilität hoch

Erläuterungen: keine

Forderung des ISMS: Die oberste Leitung muss für das ISMS Führung und (Rechenschafts-)Verpflichtung übernehmen im Hinblick auf Politik, Ziele, Ressourcen, Kommunikation, Verbesserung, Wirksamkeit und Organisation im ISMS.

Sie muss sicherstellen das:

- die Politik und die Ziele mit der Strategie der Organisation vereinbar sind,
- die Anforderungen des ISMS in die Geschäftsprozesse der Organisation integriert werden,
- die geplanten Ergebnisse des ISMS erreicht werden,
- die Führungskräfte und Mitarbeiter ihrer Verantwortung im ISMS gerecht werden können.

Integration ins IMS: In den Normen des IMS sind weitgehend mit der ISO/IEC 27001 vergleichbare Anforderungen an die oberste Leitung formuliert. Zusätzlich formulierte Anforderungen in den Normen des IMS (ISO 9001 und 45001) sind themenspezifisch und betreffen das ISMS nicht. Die Aufgaben der obersten Leitung aus den Managementsystemen des IMS erfüllen weitgehend auch die Aufgaben für die ISO/IEC 27001. Eine Integration der Leitungsaufgaben mit der ISO/IEC 27001 bietet sich für die oberste Leitung somit an.

To-dos: Die Aufgaben und Verantwortlichkeiten der obersten Leitung im IMS sind hinsichtlich der Anforderungen der ISO/IEC 27001 zu erweitern, wobei keine neuen Aufgaben für die oberste Leitung hinzukommen, sondern nur die formale Einbeziehung der Forderungen der ISO/IEC 27001 in das IMS.

Hinweise: In der ISO 14001 und der ISO 45001 gibt es im Normanhang A.5.1 zusätzliche Erläuterungen zum Thema Führung und Verpflichtung der obersten Leitung. Wenn diese Hinweise aktiv im IMS umgesetzt sind, dann ist zu prüfen, ob diese Regelungen auch für das ISMS nützlich sind, z. B. dass Durchführungsverantwortung an andere delegierbar ist, aber die Rechenschaftspflicht bei der obersten Leitung verbleiben muss.

Normkapitel 5.2

6.3.2 (Informationssicherheits-)Politik

Kompatibilität: A – Kompatibilität hoch

Erläuterungen: keine

Forderung des ISMS: Es ist eine adäquate Informationssicherheitspolitik festzulegen, die folgende Funktionen erfüllen muss:

- Sie bildet die Grundlage für Informationssicherheitsziele,
- sie enthält eine Verpflichtung zur Erfüllung der Informationssicherheitsanforderungen,
- und sie ist Motor der fortlaufenden Verbesserung des ISMS.

Die Politik muss als Dokument verfügbar sein, innerhalb der Organisation bekanntgemacht und, soweit angemessen, interessierten Parteien kommuniziert werden.

Integration ins IMS: Hinsichtlich der Forderung nach einer Managementsystempolitik sind mit den drei Normen des IMS bis auf ISMS-spezifische Details auch die Forderungen der ISO/IEC 27001 erfüllt. Eine integrierte Politik für das IMS unter Einschluss des ISMS ist zu empfehlen.

To-dos: Um eine IMS-Politik verständlich und einprägsam zu machen, gilt auch wieder der Grundsatz: „In der Kürze liegt die Würze." Da die Anforderungen der ISO/IEC 27001 zur Politik in einer integrierten IMS-Politik weitgehend bereits enthalten sind, muss der Geltungsbereich der Politik nur auf die ISO/IEC 27001 erweitert werden. Ggf. können geringe 27001-spezifische Ergänzungen zur Verdeutlichung eingefügt werden.

Hinweise: keine

Normkapitel 5.3

6.3.3 Rollen, Verantwortlichkeiten und Befugnisse

Kompatibilität: **A – Kompatibilität hoch**

Erläuterungen: keine

Forderung des ISMS: Die oberste Leitung muss Rollen, Befugnisse und Verantwortung für die Organisation so festlegen, dass die ISMS-Anforderungen erfüllt sind und dazu ein Berichtswesen organisiert ist.

Integration ins IMS: Die Verantwortung der obersten Leitung in Bezug auf Organisationspflichten für das ISMS sind vergleichbar mit denen der anderen Managementsysteme des IMS. Nur die ISO 9001 geht in Einzelforderungen zum Normkapitel 5.3 darüber hinaus. Insbesondere die Forderung, dass die Prozesse die beabsichtigten Ergebnisse liefern, kann für das IMS in Gänze gelten und wäre auch auf die ISO/IEC 27001 anwendbar.

To-dos: Die Regelungen des IMS zur Organisation können vollständig auf das ISMS übertragen werden. Festgelegte Prozesse zur Aufbauorganisation müssen nur um die Bedürfnisse von Mitarbeitern mit speziellen Befugnissen im ISMS erweitert werden (z. B. IT-Systemadministratoren oder Informationssicherheitsmanager/-beauftragter).

Sind im IMS Systemverantwortliche (z. B. Beauftragte oder Koordinatoren für die Einzelsysteme) benannt, so ist ein solcher auch für das ISMS zu benennen. Ein Berichtswesen zum ISMS inkl. des dafür Verantwortlichen ist zu etablieren. Das Berichtswesen kann sich strukturell an den Berichtswesen der anderen Managementsysteme orientieren. Im Fall eines integrierten Berichtswesens zum IMS kann auch das Berichtswesen zum ISMS darin integriert werden.

Hinweise: Werden bestehende Prozesse nur um ISMS-Inhalte ergänzt, ist die Entscheidung zu treffen, ob der bestehende Prozessverantwortliche bleibt oder ob ein neuer Prozessverantwortlicher mit mehr Qualifikation im Hinblick auf Informationssicherheit benannt werden sollte.

Anmerkung: *Normanhang A, Maßnahme A.5.2 „Informationssicherheitsrollen und -verantwortlichkeiten" ist zu berücksichtigen. A.5.2 stellt im Grundsatz aber keine erweiterten Forderungen gegenüber Normkapitel 5.3 auf.*

Normkapitel 6

6.4 Planung

Normkapitel 6.1

6.4.1 Umgang mit Risiken und Chancen

Normkapitel 6.1.1

6.4.1.1 Allgemeines

Kompatibilität:

B – Kompatibilität mittel

Erläuterungen:

Das Normkapitel 6.1.1 enthält im Grundsatz vergleichbare Anforderungen zum Thema „Allgemeines" wie in ISO 9001 (6.1), ISO 14001 (6.1.1) und ISO 45001 (6.1.1). Der große Unterschied liegt in den nachfolgenden Normkapiteln 6.1.2 (Informationssicherheits-**Risikobeurteilung**) und 6.1.3 (Informationssicherheits-**Risikobehandlung**). Diese beiden ergänzenden Kapitel sind ein Alleinstellungsmerkmal der ISO/IEC 27001. Sie beschränken sich in der Informationssicherheit auf den Umgang mit Risiken und lassen den Umgang mit Chancen außen vor. Außerdem wird in der Anmerkung zu 6.1.3 auf die ISO 31000 – Risikomanagement-Leitlinien Bezug genommen mit dem Hinweis, sie stehe im Einklang mit den Forderungen der Normkapitel 6.1.2 und 6.1.3.

Fazit: An die Risikobetrachtung im ISMS werden im Gegensatz zu den anderen Normen des IMS erweiterte Anforderungen unter Einbeziehung der ISO 31000 gestellt. Die Chancenbetrachtung der ISO/IEC 27001 entspricht der in den anderen Normen des IMS.

Forderung des ISMS:

Die Forderung umfasst unter Berücksichtigung von Punkt 4.1 „Kontext" und 4.2 „Stakeholder" zum einen das Vermeiden von Risiken im ISMS, zum anderen das Erkennen und Nutzen von Chancen zur Verbesserung der Informationssicherheit. Dabei wird ein strukturiertes Vorgehen durch Identifikation, Analyse und Bewertung von Risiken, aber auch von Chancen gefordert. Aus der Bewertung sind Maßnahmen zum Umgang mit den Risiken und Chancen abzuleiten. Die Wirksamkeit dieser Maßnahmen ist zu verifizieren.

Integration ins IMS:

Hinsichtlich 6.1 sind die Forderungen an den Umgang mit Risiken und Chancen in der ISO 9001/14001/45001vergleichbar. Die bestehenden Prozesse zur normativen Behandlung dieses Themas können eins zu eins auf die ISO/IEC 27001 übertragen werden. Auch die implementierten Erfassungs- und Bewertungstabellen des IMS können um weitere zusätzlich erkannte Informationssicherheitsrisiken sowie -chancen erweitert werden.

To-dos:

Der/die im IMS vorhandene(n) Prozess(e) zum Umgang mit Risiken und Chancen können für das ISMS vollständig genutzt werden. Gleiches gilt für die Erfassungs- und Bewertungstabellen des IMS bezüglich Risiken und Chancen.

Für das ISMS muss geprüft werden, ob alle Risiken und Chancen, die sich aus dem Kontext, den interessierten Parteien und den Informationssicherheitszielen ergeben, in der vorhandenen Risiko- und Chancenbetrachtung des IMS bereits enthalten sind; ggf. sind fehlende Positionen zu ergänzen.

Hinweise:

Zu den risikobehafteten Themen zählen auch rechtliche Anforderungen in der Informationssicherheit (z. B. der Datenschutz), die im Rahmen des Kontexts ermittelt werden müssen. Weitere Themen für potenzielle Risiken können der Tabelle im Normanhang A der ISO/IEC 27001 entnommen werden. Eine weitere Quelle ist das IT-Grundschutz-Kompendium des BSI.

Die Risiken, die auf Informationssicherheitsforderungen beruhen, werden in den Forderungen der 6.1.2 „Informationssicherheitsrisikobeurteilung" und 6.1.3 „Informationssicherheitsrisikobehandlung" detailliert weiter behandelt.

Normkapitel 6.1.2

6.4.1.2 Informationssicherheitsrisikobeurteilung

Kompatibilität:

C – Kompatibilität gering

Erläuterungen:

Der Umgang mit Risiken ist im Normkapitel 6 „Prozess" der ISO 31000 (Risikomanagement) detailliert beschrieben. Da die Norm ein Leitfaden und keine Zertifizierungsnorm ist, sind die Hinweise nicht in Sinne einer Forderung „muss erfüllt werden", sondern im Sinne einer Empfehlung „kann erfüllt werden" zu verstehen. Die ISO/IEC 27001 bezieht sich im Hinblick auf den geforderten Umgang mit Risiken auf die ISO 31000. Damit werden durch die Hintertür viele Empfehlungen des Leitfadens in der Umsetzung in der 27001 normativ zu einem Muss.

Daraus ergibt sich für die Organisation die Aufgabe, die Stellen zu identifizieren, die im Normkapitel 6 der ISO 31000 einen Bezug zu den Normkapiteln 6.1.2 und 6.1.3 haben, um die Forderungen der ISO/IEC 27001 zu erfüllen.

Forderung des ISMS:

Forderung nach einem **festgelegten Prozess** zur Beurteilung von potenziellen Risiken in der Informationssicherheit der Organisation und, wenn erkennbar, auch bei Externen, die unter Leitung und im Auftrag der Organisation arbeiten. Der Prozess muss enthalten:

- Kriterien für die Risikoakzeptanz (Entscheidungsparameter, ob überhaupt ein nicht akzeptables Risiko vorliegt, das zu einem Verlust von Vertraulichkeit, Integrität und Verfügbarkeit von Informationen führt) sowie Kriterien für die Durchführung einer Risikobeurteilung
- Verifizierbarkeit von Informationssicherheitsbeurteilungen (Ergebniskonsistenz) und Identifikation von Eigentümern der Risiken
- Analyse von Informationssicherheitsrisiken mittels der Kriterien Eintrittsfolgen und Eintrittswahrscheinlichkeit, um daraus das Risikoniveau abzuleiten
- eine Bewertung der Informationssicherheitsrisiken, indem die Ergebnisse der Risikoanalyse mit den festgelegten Risikokriterien verglichen werden und die bewerteten Risiken zur Risikobehandlung einer Priorisierung unterzogen werden

Über den Beurteilungsprozess zum Informationssicherheitsrisiko sind dokumentierte Informationen als Nachweise zu führen.

Integration ins IMS:

Die Anforderungen an den Risikobeurteilungsprozess in ISO 9001, 14001 und 45001 sind im Grundsatz vergleichbar, aber nicht in dieser Detailtiefe angelehnt an 6.4 „Risikobeurteilung" der ISO 31000 formuliert. Wenn der/die bestehende(n) Risiko- und Chancenprozess(e) im IMS bereits auf der Basis der ISO 31000 aufgebaut sind, dann sollten sie auch den erweiterten Anforderungen der 6.1.2 und 6.1.3 der ISO/IEC 27001 genügen. Trifft dies nicht zu, sollte der/die bestehende(n) Prozess(e) zum Normkapitel 6.1 „Allgemeines" (ISO 9001) und 6.1.1 „Allgemeines" (ISO 14001/45001) entsprechend den Vorschlägen der ISO 31001 im Sinne einer durchgängigen Integration überarbeitet werden.

To-dos:

Die bestehende Vorgehensweise zur Erfassung und Bewertung von Chancen im IMS kann für die Chancenbehandlung des ISMS übernommen werden. Die Risikobehandlung muss im Hinblick auf Kompatibilität mit dem Normkapitel 6 „Prozess" der ISO 31000 überprüft und ggf. angepasst werden. Operativer Schwerpunkt sind dabei die Normkapitel 6.3.4 „Festlegen von Risikokriterien" und 6.4 „Risikobeurteilung" in der ISO 31000. Der Prozess Risikobeurteilung gliedert sich dabei in drei Subprozesse:

- Risikoidentifikation (Risiken finden, erkennen und beschreiben) (6.4.2),
- Risikoanalyse (Art des Risikos, seine Eigenschaften und Risikoausmaß verstehen) (6.4.3) und

- Risikobewertung (Risiko quantifizieren, Risiko priorisieren, Umgang mit dem Risiko festlegen und Steuerungsmaßnahmen für das Risiko auswählen) (6.4.4).

Die identifizierten Informationssicherheitsrisiken des ISMS aus dem Kontext, den Stakeholdern, den Unternehmensprozessen, dem Normanhang A und weiteren Quellen sind in einer Bewertungssystematik zu bearbeiten.

Hinweise:

Gemäß Definition ist eine Risikomatrix eine tabellarische Aufstellung, in der die Wahrscheinlichkeit des Auftretens eines unerwünschten Ereignisses (Risiko) zu dessen Auswirkungen in Bezug gesetzt wird.

Die Risikobeurteilung wird in der Praxis häufig über eine Risikomatrix (z.B. Excel) umgesetzt. Diese Methodik ist auch über eine Softwarelösung zu realisieren. Das hat den Vorteil, dass auch sehr viele Einzelrisiken noch transparent handhabbar sind. Anbieter solcher Softwarelösungen sind auf dem Risikomanagementmarkt zu finden.

Anmerkung: *Bezüglich des Prozesses „Informationssicherheitsrisikobeurteilung" gibt es eine Schnittstelle zum gleichnamigen Normkapitel* 8.2, *das die Forderung nach einer regelmäßigen Überprüfung der Aktualität der Risikobeurteilung stellt.*

ISRA_Nohl.xlsx

Die Arbeitshilfe „Informationssicherheitsrisikobeurteilung ISO/IEC 27001:2022 (nach Nohl)" zeigt anhand von Beispielen, wie man eine Informationssicherheitsrisikoanalyse durchführen kann.

Normkapitel 6.1.3

6.4.1.3 Informationssicherheitsrisikobehandlung

Kompatibilität:

C – Kompatibilität gering

Erläuterungen:

Die Forderungen dieses Kapitels bauen auf den Ergebnissen der Informationssicherheitsrisikobeurteilung auf und setzen diese strukturiert in Maßnahmen zur Risikobehandlung um.

Forderung des ISMS:

Auch für dieses Kapitel besteht die Forderung nach einem **festgelegten Prozess.** Der Schwerpunkt der Risikobehandlung besteht darin, den Umgang mit identifizierten und bewerteten Informationssicherheitsrisiken zu strukturieren. Das bedeutet:

- Die Maßnahmen zur Behandlung von bewerteten Informationssicherheitsrisiken sind festzulegen.
- Die Maßnahmen müssen mit den Maßnahmen im Normanhang A abgeglichen werden, um potenzielle Maßnahmenlücken zu beseitigen.
- Um die Informationssicherheitsrisikobehandlung zu strukturieren, ist ein Risikobehandlungsplan (SoA: Statement of Applicability) zu erstellen und aktuell zu halten.
- Der Maßnahmenplan zur Risikobehandlung ist mit dem Risikoeigentümer abzustimmen. Gleiches gilt für das ggf. übrigbleibende Restrisiko und seine Überwachung.

Verifizierbare Dokumentation über den Prozess „Informationssicherheitsrisikobehandlung" und seine Ergebnisse ist zu führen.

Integration ins IMS:

Die anderen Normen des IMS begnügen sich mit allgemeinen Formulierungen hinsichtlich des Umgangs mit Risiken. Es heißt unerwünschte Auswirkungen zu verhindern oder zu verringern und geplante Ergebnisse zu erreichen. Zur Überwachung und Steuerung von Maßnahmen fehlen darin die benötigten Methoden und Werkzeuge. Durch die explizite Einbeziehung der ISO 31000 werden diese Methoden durch das Normkapitel 6.5 „Risikobehandlung" geliefert. Die Risikobehandlung muss bei der Integration des ISMS ins IMS besser dokumentiert und nachvollziehbarer gestaltet werden.

To-dos:

Der Prozess zur Risikobehandlung ist entsprechend dem Normkapitel 6.5 der ISO 31000 zu gestalten.

Dabei sollen Möglichkeiten zur Behandlung des Risikos ausgewählt und implementiert werden. Die dazu notwendige Methode ist eine iterative Vorgehensweise nach 6.5.1 der ISO 31000.

Zuerst erfolgt die Auswahl der geeignetsten Möglichkeiten zur Risikobehandlung (ISO 31000, 6.5.2). Dabei sind potenzielle Vorteile der Maßnahmen gegen den Aufwand und mögliche Nachteile der Implementierung abzuwägen. Die Möglichkeiten zur Behandlung von Risiken sind in einer Aufzählung im Normenkapitel 6.5.2 beispielhaft dargestellt.

Bei der Auswahl von Maßnahmen sollten nicht nur interne Belange, sondern auch die von interessierten Parteien berücksichtigt werden. Restrisiken sollten dokumentiert und überwacht werden.

Die getroffenen Maßnahmen sollten im Risikobehandlungsplan (SoA) übersichtlich dokumentiert werden (ISO 31000, 6.5.3). Dabei ist festzulegen, mit welcher Priorität die Behandlungen der Risikominderungsmaßnahmen umzusetzen sind. Die Mindestanforderungen an die SoA-Tabelle sind:

- die notwendigen Maßnahmen (z. B. aus Normanhang A),
- die Gründe für den Einschluss in den Risikobehandlungsplan,
- die Gründe für den Ausschluss aus dem Risikobehandlungsplan,
- der Status der Umsetzung der Maßnahmen.

Weitere Informationen können bei Bedarf hinzugefügt werden.

Die möglichen Inhalte und Vorgehensweisen zur Erstellung eines Risikobehandlungsplans sind in einer Aufzählung des Normenkapitels 6.5.3 wiedergegeben.

Der Risikobehandlungsplan kann seine Funktion als Vorgabe- und Kontrolldokument nur erfüllen, wenn er regelmäßig überwacht und überprüft wird. Die Ergebnisse der Überwachung und Überprüfung sind zu dokumentieren (ISO 31000, 6.6).

Hinweise:

Anmerkung 1: *Die SoA ist ein wichtiges Instrument im externen Zertifizierungsverfahren.*

Anmerkung 2: *Bezüglich des Prozesses „Informationssicherheitsrisikobewertung" gibt es eine Schnittstelle zum gleichnamigen Normkapitel 8.3 der ISO/IEC 27001, das die Forderung nach einer kontinuierlichen Umsetzung der Maßnahmen des Risikobehandlungsplans aufstellt.*

SoA.xlsx

In der Arbeitshilfe „Risikobehandlungsplan (SoA)" wird Ihnen ein Muster für einen erweiterten Risikobehandlungsplan bereitgestellt.

Normkapitel 6.2

6.4.2 Informationssicherheitsziele und Planung zur Erreichung

Kompatibilität: **A – Kompatibilität hoch**

Erläuterungen: keine

Forderung des ISMS:

Informationssicherheitsziele müssen für alle relevanten Funktionen und Ebenen der Organisation festlegt werden. Die Ziele müssen dokumentiert werden. Maßnahmen zur Erreichung der Ziele müssen definiert werden. Das Erreichen der Ziele muss gesteuert und überwacht werden.

- Die Ziele müssen mit der Managementsystempolitik im Einklang stehen.
- Die Ziele müssen folgende Kriterien erfüllen: messbar sein, vermittelt und ggf. aktualisiert werden.

- Die Informationssicherheitsanforderungen sowie die Ergebnisse der Risikobeurteilung und -behandlung müssen bei der Zieldefinition berücksichtigt werden (d. h., daraus können Informationssicherheitsziele abgeleitet werden).
- Zur Erreichung der Ziele müssen Ressourcen bereitgestellt und ggf. Projekte ins Leben gerufen werden mit Verantwortlichkeit, Meilensteinen, Endtermin und Verifikationsmethoden des Projekterfolgs.

Integration ins IMS: Der Umgang mit Zielen ist mit den Managementsystemen des IMS vergleichbar. Die bestehenden Verfahren zur Formulierung und Umsetzung von Zielen erfüllen auch die Anforderungen der ISO/IEC 27001.

To-dos: Der bestehende IMS-Prozess zum Managen von Zielen muss um die Informationssicherheitsziele erweitert werden.

Informationssicherheitsziele sind zusätzlich zu den Qualitäts-, Umwelt- und Arbeitsschutzzielen in regelmäßigen Abständen (min. 1× jährlich) von der Organisation zu definieren. Die im IMS dazu etablierten betrieblichen Methoden und Vorgehensweisen können für die Gewinnung, Umsetzung und Dokumentation von Informationssicherheitszielen übernommen werden. Im Kontext mit den anderen Zielen sind die Informationssicherheitsziele in der Organisation zu kommunizieren.

Hinweise: keine

Normkapitel 6.3

6.4.3 Planung von Änderungen

Kompatibilität: **B** – Kompatibilität mittel

Erläuterungen: Das Kapitel Planung von Änderungen ist mit der Revision im Jahr 2022 neu in die ISO/IEC 27001 aufgenommen worden.

Forderung des ISMS: Änderungen am ISMS sind unter geplanten Bedingungen durchzuführen (z. B. Ressourcen, Verantwortlichkeiten, Dokumentationserfordernisse). Negative Auswirkungen auf die Wirksamkeit des ISMS sind bei Änderungen zu vermeiden. Die Wirksamkeit der vorgenommenen Änderungen ist zu überprüfen.

Integration ins IMS: Im IMS hat die ISO 9001 (6.3) inhaltlich die gleichen Anforderungen an Änderungen des Managementsystems. Die dort getroffenen Festlegungen sind nur etwas detaillierter (Beispiele) im Hinblick darauf, was unter Änderungen am Managementsystem zu verstehen ist.

To-dos: Die Regelungen der ISO 9001 sind auch auf die ISO/IEC 27001 eins zu eins anzuwenden, wobei zu berücksichtigen ist, dass Änderungen auch Auswirkungen auf die Informationssicherheit haben können (z. B. neue oder veränderte Informationssicherheitsrisiken) und entsprechende Vorsicht geboten ist.

Hinweise: ISO 14001 und ISO 45001 haben die Forderungen des Normkapitels 6.3 nicht. In der Praxis finden in einem IMS die Regelungen zur Handhabung von Änderungen der ISO 9001 aber auch Anwendung auf die ISO 14001 und 45001. Diese integrative Gleichbehandlung von Forderungen soll vermeidbare Sonderfälle und Ausnahmen im IMS verhindern.

Im Rahmen der nächsten Revision der beiden Normen wird aufgrund der Harmonized Structure (HS) der ISO auch dort das Normkapitel 6.3 Eingang finden.

Normkapitel 7

6.5 Unterstützung

Normkapitel 7.1

6.5.1 Ressourcen

Kompatibilität: A – Kompatibilität hoch

Erläuterungen: Der Begriff Ressourcen umfasst nach ISO 14001 und 45001, A.7.1, Folgendes:

Personal (z.B. Qualifikation/Kompetenz/Bewusstsein), Material, Rohstoffe, Infrastruktur (z.B. Gebäude, Ausrüstung, IKT-Systeme, Notfallausrüstung), Technologie (Soft- und Hardware), Geld und Weiteres. Diese Ressourcen sind weitgehend auch für das ISMS relevant.

Forderung des ISMS: Bestimmen und Bereitstellen von ausreichenden Ressourcen für den Aufbau, die Umsetzung und Weiterentwicklung das ISMS.

Integration ins IMS: Die ISO/IEC 27001 stellt fast wortgleich die gleichen Anforderungen bezüglich Ressourcen wie die ISO 14001 und 45001. Nur die ISO 9001 detailliert stärker, um welche Art von Ressourcen es sich handelt (z.B. Personen oder Infrastruktur). Die Anforderungen der ISO/IEC 27001 werden durch die Ressourcenprozesse der anderen Systeme des IMS vollständig abgedeckt.

To-dos: Die bestehende Ressourcenplanung für das IMS ist um die Aufwendungen für das ISMS zu ergänzen.

Hinweise: Ressourcen im ISMS können umfassen: z.B. Fachpersonal wie IT-Systemadministratoren, Überwachungssysteme für physische Objekte oder Zugangskontrollen, IT-Systeme, Backupsysteme, Mobilfunkgeräte, Schulungsaufwendungen und vieles mehr.

Normkapitel 7.2

6.5.2 Kompetenz

Kompatibilität: A – Kompatibilität hoch

Erläuterungen: keine

Forderung des ISMS: Die Anforderungen an die Kompetenz in der ISO/IEC 27001 entsprechen im Grundsatz denen der anderen Normen im IMS und betreffen alle Personen mit informationssicherheitsrelevanten Tätigkeiten, die unter der Aufsicht der Organisation tätig sind.

Die Anforderung der ISO/IEC 27001 sind:

- die benötigte Kompetenz für die Tätigkeit ist zu bestimmen,
- die Personen müssen angemessene Ausbildung, Schulung und Erfahrung besitzen,
- die notwendigen Maßnahmen zur Kompetenzerhaltung sind zu ergreifen,
- die Wirksamkeit von Kompetenzerwerbsmaßnahmen ist zu bewerten.

Dokumentierte Nachweise über Kompetenzmaßnahmen (z.B. Erwerb und Erhaltung) sind zu führen.

Integration ins IMS: Die bestehenden Verfahren/Prozesse zur Kompetenzabsicherung des IMS erfüllen alle Forderungen der ISO/IEC 27001.

To-dos: Schulungspläne, Kompetenzmatrix und Ähnliches sind um ISMS-Inhalte (z.B. Informationssicherheitsschulungsmaßnahmen oder Cyberschulungen) zu erweitern.

Hinweise: Weitere Erläuterungen zur Erreichung von Kompetenz und deren Aufrechterhaltung im IMS sind im Normanhang A.7.2 der ISO 14001 und 45001 zu finden und können auch auf die ISO/IEC 27001 übertragen werden.

Normkapitel 7.3

6.5.3 Bewusstsein

Kompatibilität: A – Kompatibilität hoch

Erläuterungen: Bewusstsein im Sinne von Managementsystemnormen ist die Gesamtheit der Überzeugungen eines Menschen, die von ihm bewusst vertreten werden, indem er sich einer Sache bewusst ist (z. B. deutliches Wissen von etwas oder darüber Gewissheit zu haben, was richtig und falsch ist). Bewusstsein in diesem Kontext lässt sich erlangen durch: Information, Kommunikation, Erfahrung, Beispiele geben und annehmen (Vorbild sein).

Forderung des ISMS: Die Organisation muss darauf achten, dass alle Personen die unter ihrer Kontrolle (intern und extern) arbeiten, das dafür notwendige Bewusstsein in der Informationssicherheit besitzen. Das umfasst:

- sich ihrer Rolle im ISMS bewusst zu sein und ihren Beitrag zur Wirksamkeit in der Informationssicherheit zu kennen,
- sich ihres Beitrags zur Informationssicherheit und zur Wirksamkeit des ISMS ständig bewusst zu sein,
- sich der möglichen Folgen für die Organisation bewusst sein, wenn es zu Fehlern in der Informationssicherheit kommt.

Integration ins IMS: Im Grundsatz haben die ISO 9001/14001/45001 vergleichbare Anforderungen an das IMS. In der ISO/IEC 27001 (wie auch in der 14001/45001) fehlt allerdings die Forderung nach dokumentierten Nachweisen zur Bewusstseinsvermittlung wie in der ISO 9001. Die gängigen Methoden zur Bewusstseinsbildung mittels Kommunikation, Information und Unterweisung/Schulung können auch bei der ISO/IEC 27001 angewendet werden. Wo möglich und sinnvoll, sollten auch dokumentierte Nachweise zur Bewusstseinsvermittlung im ISMS aufbewahrt werden.

To-dos: In die bestehenden Verfahren zur Bewusstseinsbildung im IMS sind die Forderungen der ISO/IEC 27001 zu integrieren (Erweiterung des Prozesses Bewusstseinsentwicklung).

Hinweise: Die ISO/IEC 27001 erweitert den Personenkreis für die Bewusstseinsvorgaben auch auf externe Personen/Organisationen, die unter Aufsicht der Organisation arbeiten (z. B. Vertriebs- und Servicepartner, IT-Spezialisten, Steuerberater, ausgelagerte Prozesse bei Fremdfirmen). Dies trifft aber nur dann zu, wenn eine erhebliche Informationssicherheitsrelevanz gegeben ist. Dies ist von der Organisation hinsichtlich der Informationssicherheitsrisiken durch die dritte Partei zu überprüfen (siehe Informationssicherheitsrisikobewertung, 6.1.2).

Normkapitel 7.4

6.5.4 Kommunikation

Kompatibilität: A – Kompatibilität hoch

Erläuterungen: Per Definition ist Kommunikation der Austausch und die Übertragung von Informationen zu bestimmten Themen. Dabei ist, wenn notwendig, die Sicherheit der Kommunikation zu gewährleisten.

Kommunikation in Wort und Schrift erfüllt eine Querschnittsfunktion in allen Managementsystemen und in allen Prozessen. Sie findet in allen Prozessen statt (prozessbezogene Kommunikation) und um die Funktionsfähigkeit der Organisation sicherzustellen (organisationsbezogene Kommunikation).

Forderung des ISMS: Die interne und externe Kommunikation zum ISMS muss durch die Organisation bestimmt und festgelegt werden. Dabei ist zu regeln, wer wann mit wem worüber kommuniziert. Die Kommunikation ist durch **einen Prozess** festzulegen.

Integration ins IMS: Der Abschnitt Kommunikation ist in der ISO/IEC 27001 gegenüber den anderen Normen des IMS relativ knapp formuliert. Die Grundsätze der Kommunikation werden über die bestehenden Regelungen der anderen Managementsysteme des IMS auch für das ISMS abgedeckt. Bestehende Kommunikationsprozesse können nach Erweiterung um ISMS-spezifische Details der Kommunikation weiter genutzt werden. Ggf. ist die interne Kommunikation getrennt von der externen Kommunikation festzulegen, wenn dies im IMS so vorgegeben ist.

To-dos: Die bestehenden Regelungen zur Kommunikation (z. B. der/die Kommunikationsprozess(e)) sind um die Bedürfnisse der ISO/IEC 27001 zu erweitern (z. B. Meldungen über Informationssicherheitsvorfälle oder Verstöße gegen Informationssicherheitsrechtsvorschriften).

Die bestehenden Kommunikationsübersichten sollten um die ISMS-spezifischen Kommunikationsthemen nach innen wie nach außen ergänzt werden. Dabei sind die Grundsätze der Kommunikation wie Transparenz, Angemessenheit, Glaubwürdigkeit, Zeitnähe, Zugänglichkeit und Klarheit zu berücksichtigen.

Hinweise: Die ISO 14001 stellt in ihrem Normanhang A.7.4 weitere Informationen zum Thema Kommunikation zu Verfügung, die auf die Anforderungen der ISO/IEC 27001 Anwendung finden könnten (z. B. Aufzählung a) bis f), was Kommunikation sein sollte).

Normkapitel 7.5

6.5.5 Dokumentierte Information

Normkapitel 7.5.1

6.5.5.1 Allgemeines

Kompatibilität: **A – Kompatibilität hoch**

Erläuterungen: Von der ISO/IEC 27001 werden nur an vier Stellen explizit Prozesse gefordert. Das sind:

6.1.2 Prozess zur Informationssicherheitsbeurteilung

6.1.3 Prozess zur Informationssicherheitsbehandlung

7.4 e) Prozess(e) zur Kommunikation

8.1 Prozesse zur Erfüllung der Informationssicherheitsanforderungen im Rahmen der betrieblichen Planung und Steuerung

Außerdem ist der allgemeine Hinweis in Normkapitel 7.5.1 zu dokumentierten Vorgaben (Prozesse, Handlungsanweisungen, Richtlinien etc.) formuliert, die die Organisation für ihr ISMS benötigt.

Nachweise als dokumentierte Information werden häufiger gefordert. Sie sind in der ISO/IEC 27001 zu finden unter:

4.3 dokumentierter Anwendungsbereich

5.2 dokumentierte Informationssicherheitspolitik

6.1.2 dokumentierte Information zum Prozess Informationssicherheitsrisikobeurteilung

6.1.3 dokumentierte Information zum Prozess Informationssicherheitsrisikobehandlung

6.2 dokumentierte Information zu Informationssicherheitszielen

7.3 dokumentierte Nachweise zur Kompetenzentwicklung

8.1 dokumentierte Nachweise zur betrieblichen Planung und Steuerung

8.2 dokumentierte Nachweise zu Ergebnissen der Informationssicherheitsrisikobeurteilung

8.3 dokumentierte Nachweise zu Ergebnissen der Informationssicherheitsrisikobehandlung

9.1 dokumentierte Informationen von Überwachung, Messung, Analyse und Bewertung

9.2.2 dokumentierte Nachweise über das Auditprogramm und die Auditergebnisse

9.3.3 dokumentierte Nachweise über das Managementreview

10.1 dokumentierte Nachweise über die Art der Nichtkonformität, Korrekturmaßnahmen und deren Ergebnisse

7.5.1 Dokumentierte Nachweise, die die Organisation für ihr ISMS benötigt

Forderung des ISMS: Festlegen des Umfangs und der Inhalte der dokumentierten Informationen, die von der ISO/IEC 27001 gefordert oder vom Unternehmen benötigt werden. Dazu gehört die Beschreibung von Prozessen, Richtlinien zu Verhaltensvorgaben und anderen notwendigen Vorgabedokumenten. Um die Erfüllung der Forderungen der Norm und der Organisation zu belegen, müssen entsprechende Nachweise zu Prozessergebnissen erzeugt und aufbewahrt werden. Dazu gehört auch die Lenkung externer Dokumente im Unternehmen.

Integration ins IMS: Kein Normenkapitel der ISO/IEC 27001 hat so viele Gemeinsamkeiten mit den anderen drei Normen des IMS wie das Normkapitel 7.5 „Dokumentierte Information". Die bestehenden Regelungen können vollständig für das ISMS Anwendung finden.

To-dos: Einbindung der ISMS-Dokumente (Prozesse, Beschreibungen, Formulare) in die bestehenden Dokumentationsregelungen des IMS. Ergänzung von Dokumenten- und Aufzeichnungsverzeichnissen um die dokumentierte Information des ISMS oder die Aufnahme in elektronische Dokumentenmanagementsysteme.

Hinweise: Sollte es bereits im IMS auch Dokumente geben, die ISMS-Inhalte regeln, z. B. Datenschutz- und Datensicherheitsrichtlinie oder andere Informationssicherheitsdokumente, sollten diese bezüglich Kompatibilität mit den Anforderungen der ISO/IEC 27001 geprüft werden. Bei Eignung oder ggf. nach Anpassung können die dokumentierten Informationen beim Aufbau des ISMS weiterverwendet werden.

Normkapitel 7.5.2

6.5.5.2 Erstellen und Aktualisieren

Kompatibilität: A – Kompatibilität hoch

Erläuterungen: keine

Forderung des ISMS: Im Einzelnen geregelt werden muss das Erstellen, Aktualisieren und Freigeben dokumentierter Information mit Identifikations- und Formatvorgabe, Freigabe und Genehmigungsvorbehalten etc.

Integration ins IMS: Die vorhandenen Regelungen zur Erstellung und Aktualisierung dokumentierter Information sind im IMS bereits vorhanden und können für das ISMS ebenso genutzt werden.

To-dos: Die bestehenden Festlegungen zur Erstellung, Aktualisierung und Freigabe dokumentierter Information sind auf die Dokumente und Aufzeichnungen des ISMS anzuwenden.

Hinweise: keine

Normkapitel 7.5.3

6.5.5.3 Lenkung dokumentierter Information

Kompatibilität: A – Kompatibilität hoch

Erläuterungen: keine

Forderung des ISMS: Für die internen Dokumente und Aufzeichnungen sind Lenkungsregelungen für Zugriff, Verteilung, Auffindung und Verwendung sowie Speicherung, Erhaltung und Aufbewahrung dokumentiert festzulegen. Für das ISMS von besonderer Bedeutung ist der angemessene Schutz von dokumentierter Information im Hinblick auf Verlust von Vertraulichkeit, unsachgemäßen Gebrauch oder Verlust der Integrität (z. B. durch Cyberkriminalität).

Für externe Dokumente (z. B. Gesetzestexte) gelten eingeschränkte Lenkungsmaßnahmen wie Kennzeichnung, Verteilung, Zugriff etc.

Integration ins IMS: Die Regelungen zur Lenkung interner dokumentierter Information sind im IMS bereits vorhanden und können für das ISMS ebenso genutzt werden.

Die Lenkungsregelungen für externe Informationssicherheitsdokumente (z. B. BSI-Regelwerke) sind über die ISO 14001 und 45001 auch bereits vorhanden und für die ISO/IEC 27001 nutzbar.

To-dos: Die bestehenden Festlegungen zur Lenkung dokumentierter Information sind auf die Dokumente und Aufzeichnungen des ISMS anzuwenden.

Hinweise: Zur Lenkung gehört auch die Vergabe von Berechtigungen z. B. zum Lesen, Ändern oder zur Archivierung und Löschung von dokumentierten Informationen.

Normkapitel 8

6.6 Betrieb

Normkapitel 8.1

6.6.1 Betriebliche Planung und Steuerung

Kompatibilität: B – Kompatibilität mittel

Erläuterungen: In Normkapitel 8 „Betrieb" sind die operativen Kernprozesse der ISO-Managementsystemnormen enthalten. In der Regel werden die Subprozesse nicht detailliert mit ihren Anforderungen aufgeführt. Eine Ausnahme macht die ISO 9001 mit den Normkapiteln 8.2 „Beschaffung" bis 8.7 „Steuerung nichtkonformer Produkte". In ISO 14001 und 45001 fehlt diese Untergliederung in Subprozesse bis auf die Ausnahme „Notfallmanagement" (8.2).

Die fehlenden Subprozesse müssen von den Organisationen nach ihren Bedürfnissen und rechtlichen Relevanzen selbst definiert werden. In der ISO 14001 sind das z. B. Prozesse wie Abfallmanagement oder in der ISO 45001 der Umgang mit gefährlichen Arbeitsstoffen. Auch in der ISO/IEC 27001 gibt es nur zwei vorgegebene Subprozesse im Normkapitel 8, die sich mit der Beurteilung und Behandlung von Informationssicherheitsrisiken befassen. Die beiden Prozesse (8.2 und 8.3) haben einen direkten Bezug zu den Normkapiteln 6.1.2 „Informationssicherheitsrisikobeurteilung" und 6.1.3 „Informationssicherheitsrisikobehandlung".

Weitere operative Prozesse werden in der ISO/IEC 27001 explizit nicht genannt. Es wird nur in Normkapitel 7.5 der Hinweis gegeben, dass die von der Organisation benötigten dokumentierten Informationen (damit auch Prozesse), die zur Wirksamkeit des ISMS benötigt werden, zu bestimmen sind.

Forderung des ISMS: Die betriebliche Planung und Steuerung folgt dem Grundsatz, Informationssicherheitsrisiken zu vermeiden oder zumindest in ihren Auswirkungen zu begrenzen. Dabei sind Maßnahmen bezüglich identifizierter Risiken und Chancen (6.1) und die Erreichung von ISMS-Zielen (6.2) zu berücksichtigen.

Es sind dokumentierte Vorgaben und Nachweise zu führen und aufzubewahren, die beweisen, dass die Prozesse bezüglich der Informationssicherheitsforderungen wie geplant durchgeführt werden. Notwendige Änderungen an den betrieblichen Prozessen sind unter beherrschten Bedingungen durchzuführen, sodass unerwünschte Auswirkungen vermieden werden.

An Dritte ausgelagerte Prozesse (z. B. Clouddienstleister) müssen vom Auftraggeber überwacht und ggf. gesteuert werden.

Integration ins IMS: Der Prozess zur betrieblichen Planung und Steuerung ist hinsichtlich seiner Forderungen in den drei Normen des IMS sehr ähnlich wie in der ISO/IEC 27001. ISO 9001, 14001 und 45001 rücken aber das Prinzip der Prozessorientierung stärker in den Fokus und sind hinsichtlich detaillierter Anforderungen an die betriebliche Planung präziser formuliert. Die ISO/IEC 27001 formuliert die Forderungen etwas allgemeiner.

To-dos: Die Prozesse zur Erfüllung der Informationssicherheitsanforderungen sind zu identifizieren, zu planen, zu verwirklichen und zu steuern.

Im ersten Schritt sind die für die Organisation notwendigen operativen Prozesse zur Lenkung der Informationssicherheit zu definieren. Dazu sind die potenziellen Informationssicherheitsrisiken, die in Normkapitel 6.1 und seinen drei Unterkapiteln ermittelt wurden, und der Normanhang A (Controls) der ISO/IEC 27001 heranzuziehen.

Hinweise: In den Anhängen der ISO 14001 (A.8.1) und 45001 (A.8.1.1) sind Methoden aufgelistet, auf welche Art und Weise man die Prozesse der Organisation steuern und absichern kann. Diese Methoden lassen sich zum Teil auch auf die ISO/IEC 27001 anwenden bzw. an sie anpassen.

Im Normkapitel 6.1.2 können auf der Basis des Normanhangs A mögliche operative Prozesse im ISMS entwickelt werden. Beispiele dafür werden im nächsten Abschnitt 6.6.2 gezeigt.

Normkapitel 8.1.x

6.6.2 „Betrieb" potenzielle operative Prozesse im ISMS

Kompatibilität: **B** – Kompatibilität mittel

Erläuterungen: Was können operative Prozesse im ISMS aus Sicht einer Organisation sein? Hinweise darauf gibt der Normanhang A „Referenz zu Informationssicherheitsmaßnahmen" mit seinen 93 Kontrollmaßnahmen. Diese lassen sich in Gruppen nach gemeinsamen Themen unter verschiedenen Oberbegriffen clustern (z. B. Beschaffung).

Noch detailliertere Informationen über potenzielle operative Gefährdungen bietet das IT-Gundschutzkompendium des BSI. Da jedes Unternehmen spezifischen Arten von Informationssicherheitsrisiken unterliegt, sind die Prozesse zu deren Handling auch nur begrenzt verallgemeinerbar.

Forderung des ISMS: Identifizierung und Implementierung der operativen Prozesse zur Absicherung der Informationssicherheit in der Organisation.

Integration ins IMS: Die Lenkung der Prozesse des IMS kann integrativ für all jene Prozesse der Organisation erfolgen, die von Informationssicherheitsinhalten berührt werden. Dazu müssen die bestehenden Prozesse des IMS (ISO 9001/14001/45001) im Hinblick auf ihre Informationssicherheitsrelevanz geprüft werden. Prozesse wie Vertrieb, Einkauf, Entwicklung, ggf. auch Fertigungs- oder Dienstleistungsprozesse (z. B. Onlinehandel) sind heute ohne IT und deren Sicherheit nicht mehr denkbar. Aber auch die physische Sicherheit von IKT-Anlagen in Katastrophenfällen ist ein Thema der Informationssicherheit. In solchen Fällen sind die bestehenden Prozesse, um Informationssicherheitsbelange zu ergänzen oder Verweise auf ISMS-Prozesse mit entsprechenden Regelungen hinzuzufügen. Für überwiegend oder ausschließlich informationssicherheitsrelevante Themen sind spezifische ISMS-Prozesse zu erstellen.

To-dos:

Wo notwendig, können bestehenden Prozesse des IMS um Informationssicherheitsregelungen ergänzt werden, z. B. Instandhaltungsprozesse, die auch Energieversorgung oder Kühlung von Serverräumen absichern, oder Verfügbarkeit von Backup-Kapazitäten. Des Weiteren müssen die Prozesse identifiziert werden, die nur oder weitestgehend Regelungen zur Informationssicherheit betreffen. Diese lassen sich aus drei übergeordneten Themen ableiten:

- dem technischen Schutz der IT-Infrastruktur und Objektsicherheit,
- der Datensicherheit jeglicher Daten ohne Personenbezug,
- dem Schutz personenbezogener Daten (Rechtspflicht).

Um einen Überblick über mögliche betriebliche Prozesse zum Hauptkapitel 8 zu generieren, können die 93 Kontrollmaßnahmen des Normanhangs A nach verwandten Themen geclustert werden. Die in diesem Artikel verwendete Clusterung muss nicht für jede Organisation vollständig zutreffen, kann aber als Anleitung für die eigene Prozessbildung genutzt werden.

Nachweise.xlsx

Die Cluster sind in der Verweismatrix potenzielle operative ISMS-Prozesse (s. Arbeitshilfe „Zuordnung ISMS-Prozesse/Nachweise zum Normanhang A (ISO/IEC 27001:2022)") und deren beispielhafter Zuordnung zum Normanhang A nachvollziehbar. Die nachfolgende Aufstellung gibt dabei die identifizierten ISMS-Prozesse wieder.

Kompatibilität: **B** – Kompatibilität mittel

1. Führungsverantwortung

Die Forderungen hinsichtlich Führungsverantwortung im ISMS entsprechen weitgehend denen der anderen Systeme im IMS und benötigen daher nur kleinere Ergänzungen in den bestehenden Prozessen des IMS, um die ISO/IEC 27001 zu erfüllen. Die Inhalte sind in den folgenden Abschnitten dieser Broschüre erläutert.

- siehe Abschnitt 6.3.1 „Führung und Verpflichtung"
- siehe Abschnitt 6.3.2 „Informationssicherheitspolitik"
- siehe Abschnitt 6.3.3 „Rollen, Verantwortlichkeiten und Befugnisse"

Kompatibilität: **B** – Kompatibilität mittel

2. Kompetenz, Bewusstsein und Kommunikation

Die Forderungen in Bezug auf Kompetenz und Bewusstsein im ISMS entsprechen weitgehend denen der anderen Systeme im IMS und benötigen daher nur kleinere Ergänzungen in den bestehenden Prozessen des IMS, um die ISO/IEC 27001 zu erfüllen. Bei der Kommunikation sind Ergänzungen bezüglich der Kommunikation mit speziellen externen Expertengruppen (z. B. BSI, Berufsverbände) in der Informationssicherheit zu berücksichtigen. Näheres ist in den folgenden Abschnitten der Broschüre zu finden.

- siehe Abschnitt 6.5.2 „Kompetenz"
- siehe Abschnitt 6.5.3 „Bewusstsein"
- siehe Abschnitt 6.5.4 „Kommunikation"

Kompatibilität: **C – Kompatibilität gering**

3. Informationssicherheit in Verbindung mit Personal

Die Anforderungen an die Mitarbeiter welche in 7.2 „Kompetenz" und 7.3 „Bewusstsein" der IMS-Normen formuliert sind decken die Anforderungen an das Personal aus dem Normanhang A.6 „Personelle Maßnahmen", der ISO/IEC 27001 nicht ab. Dafür muss ein neuer Prozess bezüglich Informationssicherheitsüberprüfung des Personals über den gesamten Personalprozess von der Einstellung über die Personalverwaltung bis zum Austritt Berücksichtigung finden. Sollte in der Organisation bereits ein umfassender Personalprozess im IMS existieren, kann dieser durch Ergänzungen für die Forderungen der ISO/IEC 27001 fit gemacht werden. Ansonsten sollte ein neuer Prozess dokumentiert werden, der die Forderungen der Maßnahmenziele A.6.1 bis A.6.5 abdeckt.

Kompatibilität: **B** – Kompatibilität mittel

4. Beschaffung unter ISMS-Gesichtspunkten

Das Thema Beschaffung ist im IMS keine unbekannte Größe. Die meisten Regelungen dazu gibt es in der ISO 9001. Die Anforderungen von ISO 14001 und 45001 gliedern sich mit ihren spezifischen Beschaffungsanforderungen im IMS in die Anforderungen der ISO 9001 ein. Das erprobte Vorgehen sollte auch bei der ISO/IEC 27001 Anwendung finden. Der vorhandene Beschaffungsprozess des IMS ist um die Beschaffung von Hard- und Software sowie Dienstleistungen (z. B. Objektschutz oder ausgelagerte Server) in der Informationssicherheit zu erweitern. Was ggf. aus der ISO 9001 nicht übernommen werden muss, ist die Lieferantenbewertung, da keine diesbezüglichen Forderungen in der ISO/IEC 27001 bestehen. Das gilt auch für die ISO 14001 und 45001.

Alternativ kann ein kleiner ergänzender Prozess zur Beschaffung in der Informationssicherheit erstellt werden, der nur die ISMS-spezifischen Aspekte der Beschaffung umfasst und ansonsten auf den im IMS bestehenden Hauptprozess „Anforderungen an Produkte und Dienstleistungen" (8.2) mit seinen Regelungen zur Lieferantenauswahl, -überwachung und Wareneingangsprüfung verweist.

Kompatibilität: **B** – Kompatibilität mittel

5. Einhalten von Informationssicherheitsregeln

Die Einhaltung von Regeln mit bindenden Verpflichtungen und sonstigen Anforderungen wird in allen Managementsystemen des ISM gefordert und ist im Grundsatz kein Alleinstellungsmerkmal der ISO/IEC 27001. Im Normanhang A sind explizit die wesentlichen Regeln in der Informationssicherheit aufgeführt.

Die Dokumentation von betrieblichen Vorgängen, die auf Normen basieren, ist in den ISO-Normen meist dem Normkapitel 7.5 „Dokumentierte Information" (Vorgabe- wie Nachweisdokumente) zuzuordnen. Die allgemeine Anforderung dort lautet: Benötigt werden die dokumentierten Informationen, die die spezifische ISO-Norm fordert, sowie die, die Organisationen benötigen, um die Wirksamkeit des Managementsystems zu gewährleisten. Die Aufzählung von dokumentierten Informationen im Normanhang A ist somit eine Hilfestellung, um die von der Organisation benötigten dokumentierten Informationen zu finden. Unter Maßnahme A.5.3.1 findet man dort altbekannte Forderungen wie die Bestimmung von anwendbaren gesetzlichen, behördlichen und vertraglichen Anforderungen. Vergleichbare Forderungen stehen in ISO 14001 und 45001 unter Normkapitel 6.1.3 „Bestimmung rechtlicher Verpflichtungen und anderer Anforderungen". Die bindenden Verpflichtungen im ISMS können direkt in die dort bestehenden Dokumente integriert werden (z. B. Rechts- und Pflichtenkataster).

Weitere Regeln der ISO/IEC 27001 und ihre normative Einordnung:

- Unabhängige Überprüfung der Informationssicherheit (A.5.35) → interne Audits (9.2)
- Einhaltung von Richtlinien, Regeln und Standards für die Informationssicherheit (A.5.36) → Maßnahmen zum Umgang mit Risiken und Chancen (6.1)
- Dokumentierte Betriebsabläufe (A.5.37) → Dokumentierte Information (7.5)
- Vertraulichkeits- oder Geheimhaltungsvereinbarungen (A.6.6) → Dokumentierte Information (7.5)

Zu allen vier vorgenannten Punkten gibt es, wenn zutreffend für die Organisation, im IMS bereits Anknüpfungspunkte für eine Integration der Maßnahmen des Normanhangs A.

Der Normanhang A.5.30 IKT-Bereitschaft für Business Continuity bezieht sich auf die Widerstandsfähigkeit einer Organisation gegenüber existenzbedrohenden IKT-Risken und die Fähigkeit, den ungestörten Geschäftsbetrieb möglichst aufrechtzuerhalten oder schnell wiederherzustellen. Das erfordert eine hohe IKT-Betriebssicherheit wie in diesem Abschnitt unter „10. IKT-Betriebssicherheit" beschrieben und eine hohe Verfügbarkeit von Backup-Systemen, um die Betriebsbereitschaft abzusichern. Wenn vom Unternehmen benötigt, ist an dieser Stelle ein dokumentierter Prozess zu erstellen (Business-Continuity-Plan).

Organisationen, die ein „Business Continuity Management System" nach ISO 22301 implementiert haben, können die Anforderungen der Maßnahme A.5.30 in dieses integrieren.

Kompatibilität: **C – Kompatibilität gering**

6. Managen von Werten (Assets)

Ein Thema, mit dem sich viele kleine und mittelständische Firmen bisher nur unzureichend beschäftigt haben, ist die Frage: „Welche Assets haben wir, und was sind sie wert?" Für die gängigen bilanziellen Werte gibt es darauf Antworten; auch für Werte im Rahmen der Informationssicherheit wird man ggf. in Bezug auf Patente und Entwicklungsprojekte noch etwas finden. Was aber ist der Wert eines gescheiterten Vertragsabschlusses, weil das eigene Angebot von Mitarbeitern an den Wettbewerber durchgestochen wurde, und wie wird der finanzielle Schaden als Verlust bewertet?

Da setzt die Forderung der ISO/IEC 27001 zum Managen von Werten ein. Unter Werten im ISMS werden verstanden:

- **Personalbezogene Werte** wie Qualifikation der Mitarbeiter, Ausbildungsniveau und andere Werte wie Loyalität gegenüber dem Unternehmen.
- **Finanzielle Werte** wie Barmittel, Wertpapiere und andere liquide Vermögenswerte, physische Werte wie Grundstücke, Gebäude, Einrichtungen, die sich in der Regel in der Bilanz finden.
- **Informationswerte** wie Dokumente in Papierform oder digitale Dokumente, Kennwörter und Codierungsschlüssel sowie Datenbanken.
- **Immaterielle Werte** wie Lizenzen, Marken, Zertifizierungen und andere Werte, die Einfluss auf die Reputation der Organisation haben.

Im ersten Schritt werden eine Inventur und eine Klassifizierung der Informationssicherheitswerte der Organisation benötigt. Dann sind diese Werte monetär zu bewerten, und jeder Wert ist einem Besitzer zuzuordnen, der sich um den Erhalt und die Verwaltung des Werts zu kümmern hat. Wegen der großen Bedeutung des Themas sollte ein dokumentierter Prozess zum Managen von Werten die operativen Abläufe des Assetmanagements regeln.

Kompatibilität: **C – Kompatibilität gering**

7. Standortsicherung (physische Objektsicherung)

Die Informationssicherheit muss auch auf dem Betriebsgelände und in den Betriebsgebäuden gewährleistet sein. Das bedeutet in erster Linie den Schutz vor unbefugtem Eindringen fremder Personen, aber auch das Verhindern des Betretens ausgewiesener Sicherheitsbereiche (z. B. Serverräume) durch nicht berechtigte Personen aus der eigenen Belegschaft. Besonders anfällig sind Bereiche, in denen Fremde und Besucher sich in Teilen des Betriebsgeländes aufhalten. Da wären zu nennen Wareneingangs- und -ausgangsbereiche oder Verwaltungen mit Besucherverkehr. Auch der Einsatz von externen Servicekräften wie Monteuren von Servicefirmen oder Reinigungskräften kommt in vielen Betriebsbereichen vor.

Nicht alle Organisationen haben dafür hinreichende Vorgaben gemacht (z. B. über eine Fremdfirmenrichtlinie), um dies sicherzustellen. Nicht jede mögliche Sicherungsmaßnahme wie die Beauftragung eines externen Werksschutzes oder eine Kameraüberwachung kritischer Bereiche ist für jede Organisation sinnvoll. Die Risikoanalyse und -bewertung, wie sie in Normkapitel 6.1.2 gefordert wird, ist eine gute Grundlage, um zu untersuchen, welche Maßnahmen zur Risikobehandlung für die Organisation zweckmäßig sind. Die Umsetzung dieser Maßnahmen muss natürlich auch jederzeit abgesichert sein, d. h., eine dokumentierte Vorgabe und ggf. verifizierbare Nachweise (z. B. Besucherschein an der Pforte oder Speicherung von Zugangsdaten über Kartenterminals) könnten an dieser Stelle nützlich sein.

Ob dafür ein vollständiger Prozess beschrieben sein muss, hängt von der Größe und Relevanz der Sicherheitsmaßnahmen ab. Da hat ein mittelständischer Stahlbaubetrieb andere Bedürfnisse als die Zentrale einer Großbank. Wenn nur das Betreten des Unternehmens über elektronische Zugangsüberwachung als Hauptmaßnahme von Interesse ist, sollte eine Arbeits- oder Handlungsanweisung ausreichend sein. Wenn das Unternehmen einen Wachdienst mit Pförtnerfunktion einsetzt und daneben noch Sicherheitsbereiche wie Labors unterhält, sollten ein oder mehrere Prozesse dafür dokumentiert sein, ggf. sollten Detailregelungen unterhalb der Prozessebene in Arbeits- oder Handlungsanweisungen festgelegt werden. Das Vorgehen entspricht dem des Qualitätsmanagements mit übergeordneten Prozessbeschreibungen und nachgelagerten Arbeitsanweisungen für die Ausführung.

Kompatibilität: **C – Kompatibilität gering**

8. Benutzerzugangsverwaltung

Der Komplex der Benutzerzugangsverwaltung hat zwei Aspekte: die Zugangsverwaltung von physischen Bereichen (Gebäude, Betriebsflächen etc.) und die Zugangsverwaltung zu IKT-Systemen und EDV-technischen Geräten (Server, PC, Smartphones und anderes). In beiden Fällen sind die Erteilung, der Entzug und die Verwaltung von Zugangsberechtigungen auch zu regeln. Dies gilt nicht nur für normale, sondern auch für privilegierte Nutzer mit besonderen Funktionen (z. B. Wachpersonal oder Systemadministratoren) und Besucher. Je nach Bedeutung für die Organisation kann man dieses Thema auch in zwei getrennten Prozessen (physische- und IKT-Zugangskontrollen) regeln.

Kompatibilität: **C – Kompatibilität gering**

9. Funktionsfähigkeit der technischen Infrastruktur

Um jederzeit die benötigte Informations- und Kommunikationstechnik (z.B. Serverräume, Notstromaggregate etc.) funktionsfähig zu halten, sind umfassende Maßnahmen auf der Basis einer Risikoanalyse zur innerbetrieblichen kritischen Infrastruktur notwendig.

Dazu zählen

- die Instandhaltung mit ihren Elementen Inspektion (Überwachung), Wartung, Instandsetzung und Verbesserung von technischen Anlagen,
- die benötigte Medienversorgung der Anlagen mit Strom, Heizung, Wasser, Kälte, Druckluft etc. und
- die Absicherung der Funktionsfähigkeit der Anlagen gegen Katastrophen wie Brand, Überflutung, Erdbeben und Sabotage.

Im IMS sind dafür Instandhaltungsprozesse oder -verfahren in der ISO 9001 in „Infrastruktur" (7.1.3) gefordert. In der Regel werden diese Vorgaben auch auf die Anlagen und Einrichtungen angewendet, die im Umweltmanagement (z.B. Filteranlagen) oder in der Arbeitssicherheit benötigt werden. Damit dürften im Grundsatz die wesentlichen Instandhaltungsmaßnahmen für die technische Infrastruktur von der Stromversorgung bis hin zur sonstigen Medienversorgung vorhanden sein und können auch für das ISMS genutzt werden.

Trotzdem ist zu prüfen, ob es spezifische Infrastrukturanlagen nur für die Informationssicherheit in der Organisation gibt, die noch nicht in die bestehenden Instandhaltungsprozesse eingebunden sind. Diese wären dann in den bestehenden Prozessen/Verfahren zu ergänzen.

Nicht in die allgemeine technische Infrastruktur und ihre Instandhaltungsprozesse einzubeziehen wären Einrichtungen und Anlagen, die ausschließlich der Informations- und Kommunikationstechnologie (IKT) zuzuordnen sind (z.B. Rechenzentren, Serverstationen). Die Maßnahmen, um deren Funktionsfähigkeit abzusichern, sollten wegen der einheitlichen Verantwortungszuordnung in einem separaten Prozess/Verfahren (IKT-Betriebssicherheit geregelt werden, siehe dazu den anschließenden Abschnitt „10. IKT-Betriebssicherheit".

Kompatibilität: **C – Kompatibilität gering**

10. IKT-Betriebssicherheit

Die IKT-Betriebssicherheit umfasst den gesamten Bereich der Bereitstellung einer funktionstüchtigen und sicheren Informationsinfrastruktur vom Rechenzentrum über Server bis Laptop oder Smartphone auf der Hardwareseite und auch die Sicherheit der Daten auf dem Transport, in der Verwendung, der Speicherung, aber auch der Sicherheit gegen unbefugte Nutzung oder der Einhaltung gesetzlicher Regelungen (z.B. die Datenschutz-Grundverordnung). Dabei lassen sich unterschiedliche Schwerpunkte erkennen. Das sind

- der Datenschutz, der auf rechtlichen Grundlagen beruht und den Umgang mit persönlichen Daten von Personen regelt (DSGVO, BDSG),

- die Datensicherheit, die sich mit dem Schutz von Daten jeglicher Art vor Manipulation, Diebstahl, unberechtigtem Zugriff oder anderweitigen Bedrohungen in allen Phasen der Nutzung befasst.

Dies umfasst jede Art von datenverarbeitender Hardware (Server, PC, Laptops, Smartphones sowie alle Datenträgermedien). Hinzu kommt die darauf genutzte Software.

Neben der Verarbeitung und Speicherung der Daten ist der Transport von Daten über externe Leitungen oder die Speicherung von Daten in der Cloud gegen Fremdeingriffe durch Maßnahmen (z. B. Verschlüsselung) zu schützen. Auch der Trend zum Homeoffice führt zu neuen Gefahren im Datentransport über das Internet, nicht zu vergessen der Angriff auf Computersysteme oder Firmennetzwerke, um diese auszuspionieren, zu übernehmen oder außer Funktion zu setzen.

Die Liste der Themen in der Datensicherheit ist lang und sollte aus betrieblichen Gründen schriftlich in einem oder mehreren Prozessen festgelegt werden. Unternehmen, die aufgrund ihres Geschäftsmodells viel mit personenbezogenen Daten umgehen (z. B. Banken, Versicherungen, Onlinehandel), sollten für den Datenschutz einen eigenen Prozess haben, der die Rechtskonformität im Umgang mit Personendaten absichert.

Darüber hinaus kann bei besonderer Relevanz auch das Thema Datensicherheit in Teilprozesse gegliedert werden. So kann die Datensicherheit in zwei nutzerabhängige Teile prozessual aufgespalten werden,

- den Bereich der Verantwortung für die Mitarbeiter als Nutzer von Endgeräten in der Firma, aber auch außerhalb der Firma (z. B. Homeoffice, Dienstreisen) und
- den Bereich der Verantwortung für das Firmennetzwerk und Rechenzentren durch die Systemadministratoren.

Die direkte Nutzerzuordnung verbessert die Akzeptanz einer Prozessfestlegung.

Sachbezogene Themen wie Löschung von Daten, Konfigurationsmanagement, Datensicherung oder Datenmaskierung können bezüglich Details in nachgelagerte Arbeits- oder Handlungsanweisungen zu den Prozessen ausgegliedert werden.

In welcher Form der dokumentierten Information der Prozess oder die Prozesse zur IKT-Informationssicherheit eine Regelung erfahren, ist abhängig vom Umfang und der Bedeutung des Themas für die Organisation.

Kompatibilität: **C – Kompatibilität gering**

11. Handhaben von Informationssicherheitsereignissen und -vorfällen

Im Grundsatz fällt dieses Normenkapitel unter das Hauptkapitel 10 und dort unter das Unterkapitel „Nichtkonformitäten und Korrekturmaßnahmen". Das Kapitel ist mit vergleichbaren Forderungen in allen drei Systemen des IMS vorhanden. Damit könnte man zu dem Schluss kommen: „Da gibt es nichts Neues." Auf der anderen Seite sind das Thema Informationssicherheitsvorfälle und der Umgang damit sehr wichtig für die Wirksamkeit des gesamten ISMS. Auch die ISO 9001 kennt mit dem Normkapitel 8.7 „Steuerung nichtkonformer Ergebnisse" bei Qualitätsmängeln an Produkten diese Sonderbehandlung von Nichtkonformitäten (Fehlern) außerhalb des Normkapitels 10 und deren Anbindung an das Normkapitel 8 „Betrieb".

In der Informationssicherheit unterscheidet man zwei Arten von Eingriffen in die Konformität.

- Das Informationssicherheitsereignis als Möglichkeit der Beeinträchtigung der Vertraulichkeit, Integrität oder Verfügbarkeit von Daten, ohne dass der Umfang des Schadens und die Herkunft des Ereignisses klar erkennbar sind (z. B. die Meldung, dass ein Computer abgestürzt ist, die Ursache dafür aber noch unklar ist).
- Der Informationssicherheitsvorfall als negatives Ereignis, das die Informationssicherheit (also Vertraulichkeit, Verfügbarkeit und/oder Integrität) von Daten, Informationen, Geschäftsprozessen, IT-Services, IT-Systemen, IT-Anwendungen und der IT-Infrastruktur beeinträchtigt, z. B. der Fund von Schadprogrammen auf Endgeräten oder nach einem erfolgreichen Ransomwareangriff die Erpressung oder Nötigung, die Verschlüsselung der Daten nicht rückgängig zu machen oder vertrauliche Daten zu veröffentlichen, wenn kein Lösegeld gezahlt wird.

Ein Sicherheitsereignis kann, muss aber nicht ein gesteuerter Angriff auf die Informationssicherheit von außen sein, und der entstehende Schaden ist noch nicht quantifizierbar. Der Sicherheitsvorfall kann in der Regel gleich als Angriff identifiziert werden, der Umfang des Schadens zeigt sich aber erst nach einer vertieften Analyse. In diesem Zusammenhang gibt es noch eine weitere Variante. Zuerst wird nur ein Informationssicherheitsereignis gemeldet, das sich bei näherer Betrachtung als Sicherheitsvorfall erweist.

Das Vorgehen in beiden Fällen (Ereignis bzw. Vorfall) ist ggf. unterschiedlich. Während das Ereignis in der Organisation meist in Form einer Helpdesk-Anfrage aufläuft ist der Vorfall meist ein Problem der Systemadministratoren, da ein messbarer Schaden meist schon eingetreten ist, auch wenn dessen Umfang noch nicht klar ist.

In beiden Fällen ist eine schriftliche Vorgabe in Form eines Prozesses, wie in diesen Fällen vorgegangen werden soll, mehr als sinnvoll. Ggf. sollten für operative Details Arbeits- oder Handlungsanweisungen zur Unterfütterung der Prozessbeschreibung erstellt werden. Inhalte solcher nachgeordneten Vorgabedokumente können sein:

- Melde- und Kommunikationswege von Informationssicherheitsereignissen und deren Behandlung
- Klassifizieren von Informationssicherheitsereignissen nach Auswirkung und Dringlichkeit
- Melde- und Kommunikationswege von Informationssicherheitsvorfällen
- Analyse, Risikobeurteilung und Reaktionen auf Informationssicherheitsvorfälle
- Ggf. gesetzliche Meldepflichten bei Angriffen auf die kritische Infrastruktur (z. B. Elektrizitätsversorgung), wenn diese in den Verantwortungsbereich des Unternehmens fällt
- Dokumentation und Berichtswesen zu Informationssicherheitsereignissen und -vorfällen
- Notfallmaßnahmen und Backups zur Aufrechterhaltung der Informationsaktivitäten und Sicherheit der Organisation
- ggf. Weiteres

Die zu erstellende Vorgabedokumentation richtet sich in Umfang und Gliederung nach der Größe des Unternehmens und der Komplexität seiner IT-Strukturen. So hat ein Großkonzern mit weltweiter Vernetzung andere Anforderungen als eine mittelständische Bäckereikette in Deutschland.

Kompatibilität: C – Kompatibilität gering

12. Informationssicherheit in der Entwicklung

Das Thema hat zwei Seiten: zum einen die Informationssicherheit in der Produkt- oder Dienstleistungsentwicklung, wie sie in der ISO 9001 „Entwicklung" (8.3) formuliert ist. Die Entwicklungsergebnisse stellen Werte (Assets) dar, die für die zukünftige wirtschaftliche Entwicklung eines Unternehmens von größter Bedeutung sein können. Damit diese Daten nicht in fremde Hände fallen, sollte der Entwicklungsprozess die nötigen Schutzmechanismen zur Informationssicherheit enthalten. Der Prozesswirksamkeit ist am besten damit gedient, wenn die Regelungen zur Informationssicherheit in den Entwicklungsprozess an den Stellen integriert werden, wo sie benötigt werden. Dazu kann man die Gliederung der ISO 9001 für den Entwicklungsprozess nutzen. Welche Voraussetzungen zur Informationssicherheit muss ein Unternehmen schaffen, um die Informationssicherheit im gesamten Entwicklungsprozess

- mit der Entwicklungsplanung,
- mit der Formulierung der Entwicklungseingaben,
- im Rahmen der Entwicklungssteuerung,
- mit der Verifizierung und Validierung von Ergebnissen der Entwicklung
- und bei der Durchführung von Entwicklungsänderungen

zu gewährleisten?

Der zweite Aspekt betrifft die Entwicklung von Systemen und Software, die der Informationssicherheit selbst dienen sollen. In diese Richtung zielt die Norm ISO/IEC 9126 „Software-Engineering – Qualität von Software-Produkten" mit ihren Forderungen. Diese Norm umfasst die gesamte Bandbereite der Qualitätsaspekte einer funktionalen, sicheren und zuverlässigen Softwareentwicklung.

Der Entwicklungsaspekt im Normanhang A der ISO/IEC 27001 beschränkt sich auf die Sicherheit von IT-Systemen und deren Software gegen Informationssicherheitsangriffe. Die Informationssicherheitsmaßnahmen im Normanhang A, die sich auf das Thema Entwicklung beziehen, sind den Kontrollmaßnahmen A.8.4 sowie A.8.25 bis A.8.34 zuzuordnen. Dazu gehören

- Forderungen nach sicheren Entwicklungsprinzipen,
- Nutzungsvorgaben für die Anwendung von Quellcodes und sicheren Codierungsverfahren,
- Sichere Prüf- und Testabläufe sowie -bedingungen,
- Sicherheitsanforderungen bei der Entwicklung und Beschaffung von IKT-Systemen und Programmen,
- Festlegungen bei der Ausgliederung oder Beteiligung von Externen an den Entwicklungstätigkeiten.

Wenn ein Unternehmen selbst Informationssicherheitssysteme und die dazugehörige Softwareentwicklung betreibt, sollte dies in einem Prozess beschrieben sein. Die ISO/IEC 9126 liefert Hinweise dafür, wie ein solcher Prozess aussehen könnte. Die meisten Unternehmen, insbesondere kleine und mittlere, beschaffen sich fertige IT-Sicherheitslösungen auf dem Markt. In diesem Fall wäre ein separater Prozess zur Beschaffung solcher Produkte (Hard- und Software) sinnvoll, um die Forderungen der ISO/IEC 27001 zu erfüllen. Dieser sollte enthalten

- die Formulierung der Anforderungen (Pflichtenheft),
- die Test- und Abnahmebedingungen (Abnahmeprotokoll),

- ggf. die Überwachung der externen Entwicklungstätigkeiten,
- ggf. Vorgaben zum Änderungsmanagement während der Entwicklung,
- ggf. die Pflichten bei einer zukünftigen Systembetreuung.

Dieser Prozess kann auch als Subprozess an den allgemeinen Beschaffungsprozess der ISO 9001 im IMS angegliedert werden.

Hinweise: Um die thematischen Schnittstellen zwischen den Forderungskapiteln 4 bis 10 der ISO/IEC 27001 und der Zuordnung zum Normanhang A und den Themen der 93 Sicherheitsmaßnahmen herzustellen, ist eine Verweismatrix als Arbeitshilfe erstellt worden.

Nachweise.xlsx

Die Arbeitshilfe „Zuordnung ISMS-Prozesse/Nachweise zum Normanhang A (ISO/IEC 27001:2022)" ist eine Matrix, die die Zuordnung der potenziellen operativen ISMS-Prozesse und Nachweise zum Normanhang A der ISO/IEC 27001:2022 herstellt.

Normkapitel 8.2

6.6.3 Informationssicherheitsrisikobeurteilung

Kompatibilität: **C – Kompatibilität gering**

Erläuterungen: Die Forderung steht in direktem Zusammenhang mit dem folgenden Abschnitt 6.6.4 „Informationssicherheitsrisikobehandlung".

Forderung des ISMS: Die Informationssicherheitsrisikobeurteilung in Form einer Risikomatrix (s. Arbeitshilfe) nach ISO/IEC 27001, 6.1.2 muss in geplanten Abständen auf Aktualität überprüft werden. Diese Überprüfung ist auch notwendig, wenn wesentliche Änderungen bei den Informationssicherheitsrisiken aufgetreten sind oder auftreten können.

SoA.xlsx

Bezüglich der Prüfungsergebnisse der Informationssicherheitsrisikobeurteilung sind dokumentierte Informationen aufzubewahren.

Integration ins IMS: Die regelmäßige Prüfung auf Konformität mit Normenforderungen ist im IMS nichts Neues. Diese Vorgehensweise ist z. B. in der „Managementbewertung" (9.3) gelebte Praxis. Auch die Konformität mit rechtlichen Anforderungen wird mindestens einmal im Jahr gemäß Normkapitel 9.1.2 in der ISO 14001 und 45001 geprüft. Bei wesentlichen Änderungen der rechtlichen Forderungen erfolgt diese Prüfung auf Rechtskonformität auch zeitnah.

To-dos: Die Forderung nach einer regelmäßigen Überprüfung der Risikobeurteilung sollte im Prozess „Informationssicherheitsrisikobeurteilung" nach ISO/IEC 27001, 6.1.2 verankert werden. Mindestens einmal jährlich muss diese Prüfung z. B. im internen Audit durchgeführt werden. Darüber hinaus sollten Kriterien für die Durchführung von Sonderprüfungen festgelegt werden (z. B. bei wesentlichen Informationssicherheitsvorfällen oder wesentlichen Änderungen in den Informationssicherheitsvorgaben). Die Prüfungsergebnisse sind zu dokumentieren, und bei Abweichungen sind Korrekturmaßnahmen gemäß ISO/IEC 27001, 10.2 „Nichtkonformität und Korrekturmaßnahmen" zu ergreifen.

Hinweise: Das Normkapitel 8.2 hat direkten Bezug zum nachfolgenden Normkapitel 8.3 „Informationssicherheitsbehandlung" und sollte im Kontext mit ihm behandelt werden.

Normkapitel 8.3

6.6.4 Informationssicherheitsrisikobehandlung

Kompatibilität: **C** – Kompatibilität gering

Erläuterungen: Die Forderung steht in direktem Zusammenhang mit den Anforderungen nach nach ISO/IEC 27001, 6.1.3 „Informationssicherheitsrisikobehandlung".

Forderung des ISMS: Die Organisation muss den dort geforderten Risikobehandlungsplan (SoA) zur Informationssicherheitsrisikobehandlung umsetzen und die Umsetzung und deren Kontrolle in regelmäßigen Abständen überwachen.

Integration ins IMS: Die Forderung nach einer regelmäßigen Umsetzung des Risikobehandlungsplans sollte im Prozess „Informationssicherheitsrisikobehandlung" nach ISO/IEC 27001, 6.1.3 verankert werden.

Die Umsetzung der Festlegungen des SoA muss in den Prozessen der Organisation, in denen die Informationssicherheitsrisiken auftreten, unter der Verantwortung der Risikobesitzer umgesetzt werden.

To-dos: Die Einhaltung der Risikovorsorgemaßnahmen, um die Informationssicherheit zu gewährleisten, ist regelmäßig zu überprüfen. Die Aktualität des SoA ist durch regelmäßige Überarbeitung sicherzustellen.

Nachweise zu den Ergebnissen der Überprüfung des SoA sind zu führen.

Hinweise: keine

Normkapitel 9

6.7 Bewertung der Leistung

Normkapitel 9.1

6.7.1 Überwachung, Messung, Analyse und Bewertung

Kompatibilität: **B** – Kompatibilität mittel

Erläuterungen: keine

Forderung des ISMS: Festlegen von Methoden zur Überwachung des ISMS (Wirksamkeit des Managementsystems und der Informationssicherheitsleistung in den Prozessen).

Anmerkung: Was im Einzelnen zu messen und zu überwachen ist, ist in den Forderungen nicht wiedergegeben und muss von der Organisation selbst bestimmt werden.

Durchführen der geplanten Überwachungs- und Messverfahren. Die Intensität der Überwachung und Messung soll in Relation zu der Informationssicherheitsbedeutung der Prozesse und der Erreichung der ISMS-Ziele stehen. Im Rahmen der Planung sind die Messgrößen, die Methoden der Messung, die Analyse und Bewertung der Ergebnisse der Messung zu bestimmen.

Die Informationssicherheitsleistung im Ganzen und die Wirksamkeit des ISMS sind zu bewerten.

Über die Methoden und Ergebnisse von Messung und Überwachung sind dokumentierte Informationen (Vorgaben und Nachweise) zu erstellen.

Integration ins IMS: Die Forderung nach Überwachung, Messung, Analyse und Bewertung (in Normkapitel 9.1.1 „Allgemeines") wird in ISO 9001, 14001 und 45001 in vergleichbarer Form gestellt; z. T. gehen sie hinsichtlich systemspezifischer Anforderungen über die ISO/IEC 27001 hinaus. Die Mess- und Überwachungsgrößen sind systemspezifisch für das ISMS auszuwählen (z. B. Schulung zur Informationssicherheit oder Penetrationsversuche bei kritischen Systemen – mehr dazu siehe „Controlling der Information Security" [13]. Die Methodik, wie man zu geeigneten Messgrößen kommt, ist identisch mit der in den drei anderen Systemen und kann auch auf die ISO/IEC 27001 angewendet werden.

To-dos: Eine Kennzahlenmatrix für das ISMS ist zu erstellen. Die Kennzahlenmatrix sollte enthalten, welche Kennzahl wo wann durch wenn wie oft erhoben wird. Dazu wird erfasst, wie Analyse und Bewertung durchzuführen sind und wie die Kennzahl an wen wie oft berichtet wird, sowie deren Archivierung. Gleiches gilt für Überwachungsmerkmale von informationssicherheitskritischen Parametern.

Die Erfassung von wichtigen Kennzahlen (Key-Performance-Indikatoren) sollte auch in den Prozessbeschreibungen verankert sein, in denen diese Kennzahlen zur Prozessüberwachung und ggf. -steuerung dienen.

Hinweise: Bezüglich Überwachung und Kennzahlen zur Erfüllung der Anforderungen des Normkapitels 9.1 stellt die ISO/IEC 27004:2016 „Leitfaden für Informationssicherheits-Managementmessmethoden" weitere Informationen zur Verfügung. Sie enthält auch eine umfangreiche Sammlung von Messbeispielen und Kennzahlen zur Informationssicherheit.

Normkapitel 9.2

6.7.2 Internes Audit

Normkapitel 9.2.1

6.7.2.1 Allgemeines

Kompatibilität: A – Kompatibilität hoch

Erläuterungen: keine

Forderung des ISMS: Festlegung eines Verfahrens zur Planung und Umsetzung von internen Audits und den Randbedingungen, unter denen diese durchgeführt werden müssen. Die Audits sind in geplanten Abständen (min. jährlich) durchzuführen.

Integration ins IMS: Diese Forderung findet sich in fast gleicher Wortwahl in vergleichbaren Kapiteln der ISO 9001, 14001 und 45001. Die bestehenden Regelungen des IMS decken die Forderungen der ISO/IEC 27001 vollständig ab.

To-dos: Der bestehende Auditprozess des IMS ist um das ISMS formal zu ergänzen. Die ISMS-Audits können auch integriert mit den anderen Managementsystemaudits des IMS durchgeführt werden.

Hinweise: Detaillierte Hinweise zur Planung und Durchführung interner Audits können der Norm ISO 19011 „Leitfaden zur Auditierung von Managementsystemen" entnommen werden.

Weitere nützliche Hinweise und Fragen zur effizienten Durchführung von ISMS-Audits kann man der Fachbroschüre „Der Auditfragenkatalog zur ISO/IEC 27001" entnehmen [14].

Normkapitel 9.2.2

6.7.2.2 Programm des internen Audits

Kompatibilität: A – Kompatibilität hoch

Erläuterungen: keine

Forderung des ISMS: Aufstellen eines Auditprogramms zur Terminierung und Umsetzung von ISMS-Audits in der Organisation. Die Auditkriterien sind für jedes Audit festzulegen. Die Unabhängigkeit der Auditoren ist zu gewährleisten. Die Auditergebnisse müssen als dokumentierte Information zur Verfügung stehen.

Integration ins IMS: Die bestehenden Regelungen des IMS decken die Forderungen der ISO/IEC 27001 vollständig ab. Die Audits können auch integriert mit den anderen Audits des IMS durchgeführt werden.

To-dos: Der bestehende Auditprozess des IMS ist um das ISMS formal zu ergänzen.

Die Ergebnisse des ISMS-Auditteils müssen (wie die des gesamten Audits) der obersten Leitung zur Kenntnis gebracht werden.

Hinweise: Angesichts der Bedeutung einer umfassenden Überwachung zur Verhinderung von Informationssicherheitsvorfällen ist zumindest in der Anfangsphase eines ISMS (ein bis zwei Zertifizierungsperioden) die lediglich einmal jährliche Überprüfung der Wirksamkeit des Systems und seiner Regelungen im Rahmen des internen Audits etwas zu wenig. Auch bei der Neueinführung von anderen Systemen wie der ISO 14001 oder 45001 werden bei frisch eingeführten Systemen ergänzend ggf. häufiger kurze Ad-hoc-Audits durchgeführt. Diese Vorgehensweise bietet sich für begrenzte Zeiträume auch bei größeren Systemschwächen an, um das Managementsystem zu stabilisieren. Im Rahmen eines ISMS handelt es sich dabei um kleine, unangemeldete Audits in sehr informationssicherheitsaffinen Abteilungen (z. B. einmal pro Quartal, Dauer max. 2 h), die das Ziel haben, Folgendes zu kontrollieren:

- Werden alle Vorgaben zur Einführung von informationssicherheitsrelevanten Vorgängen wie vorgegeben umgesetzt?
- Werden alle Nachweise wie geplant geführt?
- Sind die Mitarbeiter hinsichtlich der Informationssicherheitsrelevanz ihrer Tätigkeiten ausreichend geschult?
- Gibt es seitens der Mitarbeiter und der Auditoren erkennbares Verbesserungspotenzial in den Tätigkeiten und ihren Ergebnissen?
- Gibt es seitens der Mitarbeiter und Auditoren erkennbare Risiken in den Tätigkeiten und ihren Ergebnissen, die zu Informationssicherheitsvorfällen führen können?

Über die Ergebnisse der Ad-hoc-Informationssicherheitsaudits sind Aufzeichnungen zu führen und gemäß Festlegung Berichte zu erstellen (z. B. Kurzauditberichte).

Normkapitel 9.3

6.7.3 Managementbewertung

Normkapitel 9.3.1

6.7.3.1 Allgemeines

Kompatibilität: **A – Kompatibilität hoch**

Erläuterungen: keine

Forderung des ISMS: Das Normkapitel fordert grundsätzlich in geplanten Abständen (mindestens einmal jährlich) die Durchführung einer Managementbewertung durch die oberste Leitung.

Das ISMS ist dabei hinsichtlich seiner Umsetzung in Bezug auf Eignung, Angemessenheit, Wirksamkeit, Verbesserungspotenzial und Änderungsbedarf zu bewerten.

Integration ins IMS: In den drei betreffenden Managementsystemen des IMS besteht die gleiche Grundsatzanforderung. Die Integration in ein gemeinsames Managementreview ist jederzeit möglich.

To-dos: Die Managementbewertung für das ISMS sollte integriert mit den anderen Normen des IMS durchgeführt werden.

Hinweise: Weitere nützliche Hinweise und Muster zur effizienten Durchführung von ISMS-Managementbewertungen kann man spezifisch für die ISO/IEC 27001 dem Beitrag „Managementreview zur ISO/IEC 27001“ [15] und übergreifend für die Standards ISO 9001, 14001, 50001, 45001 der Fachbroschüre „Das integrierte Managementreview“ [16] entnehmen.

Normkapitel 9.3.2

6.7.3.2 Eingaben für die Managementbewertung

Kompatibilität: **B** – Kompatibilität mittel

Erläuterungen: keine

Forderung des ISMS: In die Managementbewertung als Eingaben einzubeziehen sind

- der Status von Maßnahmen der vergangenen Bewertung,
- Veränderungen im Kontext und bei interessierten Parteien,
- Informationen über die Informationssicherheitsleistung der letzten Periode, mit Ergebnissen von Überwachung und Messung, Entwicklung bei Fehlern/ Korrekturmaßnahmen, Auditergebnissen sowie Zielerreichung,
- die Ergebnisse der Risikobeurteilung und der Status der Risikobehandlung,
- Möglichkeiten zur Verbesserung der Informationssicherheitsleistung und des ISMS,
- Rückmeldungen von Stakeholdern.

Integration ins IMS: Die Forderungen bezüglich der Eingaben, die der Managementbewertung zugrunde liegen, gibt es in vergleichbarer Form in den Managementsystemen des IMS auch.

Das ist aber nichts Ungewöhnliches, da jede Managementsystemnorm z.T. spezifische Eingaben hat, die ein Alleinstellungsmerkmal sind.

Die anderen Eingaben haben ihre Entsprechung auch in ISO 9001, 14001 und 45001. Bei der Bereitstellung der Informationen auf der Eingabeseite können die systemspezifischen Eingaben der ISO/IEC 27001 denen der anderen Systeme integrativ hinzugefügt werden.

To-dos: Erstellen (oder Ergänzen) einer Matrix über die Eingaben des ISMS in die Managementbewertung (siehe Aufzählung in Normkapitel 9.3.2) und deren Zuordnung zu den verantwortlichen Stellen in der Organisation. Weitere Informationen in der Matrix können sein:

- Herkunftsort der Daten (z. B. Bereich/Abteilung)
- Art der Erfassung (z. B. manuell, automatisch) und Grundlage der Erfassung (z. B. Informationssicherheitsaudit, Behördenbericht)
- Häufigkeit der Datenerfassung (z. B. täglich, monatlich)
- Art der Auswertung (z. B. statistisch, kumulativ)
- Häufigkeit der Analyse (z. B. monatlich, quartalsweise)
- Termine der Datenbereitstellung (z. B. quartalsweise, jährlich)
- Ggf. Kommentierung der Ergebnisse

Aufnahme der ISMS-Themen in die integrierte Managementbewertung des IMS. Die bereits bestehende Systematik des Verfahrens zur Durchführung kann beibehalten werden.

Hinweise: keine

Normkapitel 9.3.3

6.7.3.3 Managementbewertungsergebnisse

Kompatibilität: **B** – Kompatibilität mittel

Erläuterungen: keine

Forderung des ISMS: Die Zufriedenheit der obersten Leitung mit den Ergebnissen des ISMS soll in Maßnahmen münden, die die Informationssicherheitsleistung weiter verbessern und auch das Managementsystem in seiner Funktionsfähigkeit weiter optimieren. Das Ergebnis ist im Reviewbericht zu dokumentieren.

Im Rahmen eines IMS kommt hinzu, dass die Schnittstellen zwischen den Einzelsystemen hinsichtlich ihres Verbesserungspotenzials betrachtet werden sollten.

Integration ins IMS: Die grundsätzliche Anforderung ist in den drei Systemen des IMS identisch mit derjenigen der ISO/IEC 27001, wobei hinsichtlich der Ergebnisse die anderen Normen des IMS mehr Details fordern.

Die geforderten Einzelpunkte der Ergebnisbewertung in der ISO/IEC 27001 sind

a) die Möglichkeiten der fortlaufenden Verbesserung und

b) der erkannte Änderungsbedarf am ISMS.

Die anderen Systeme des IMS fordern an dieser Stelle weitergehende, detailliertere Ergebnisbewertungen wie Ressourcenbereitstellung, Auswirkung auf die Strategie der Organisation, Schlussfolgerungen über die Wirksamkeit des Managementsystems, Maßnahmen bei der Nichterreichung von Zielen und Verbesserung bei der Integration der Prozesse in das Managementsystem.

Diese ergänzenden Forderungen für die Ergebnisbewertung können jederzeit auch auf das ISMS übertragen werden, da die Bewertung ja für das gesamte IMS unter Einschluss des ISMS erfolgen soll.

To-dos: Die bisherigen Ergebnisbewertungen des Managementreviews des IMS müssen um die Forderungen des Status der Risikobeurteilung und -bewertung des ISMS erweitert werden.

Dabei ist zu prüfen, ob die ergänzenden Punkte der anderen Normen des IMS (z. B. Ressourcenbereitstellung) auch für das ISMS gelten können (Harmonisierung der Anforderungen für das gesamte IMS + ISMS).

keine

Normkapitel 10

6.8 Verbesserung

Normkapitel 10.1

6.8.1 Fortlaufende Verbesserung

Kompatibilität: **A** – Kompatibilität hoch

Erläuterungen: keine

Forderung des ISMS: Die Forderung der ISO/IEC 27001 ist kurz und knapp in zwei Sätzen beschrieben:

Eignung, Angemessenheit und Wirksamkeit des ISMS müssen fortlaufend verbessert werden. Die dazu notwendigen Methoden sind festzulegen.

Integration ins IMS: ISO 9001 und 14001 formulieren Vergleichbares ebenso knapp. Nur die ISO 45001 spezifiziert näher die Methoden und Themen, wie fortlaufende Verbesserung operativ von der Organisation umgesetzt werden kann. Ziel der fortlaufenden Verbesserung ist es, eine Verbesserung der Prozesse und Systemleistung der Organisation zu erreichen und nicht auf negative Ergebnisse zu warten, die dann unter Aufwand und ggf. Reputationsverlust korrigiert werden müssen.

To-dos: Der/die bestehende(n) Prozess(e) des IMS zur fortlaufenden Verbesserung kann/können auf das ISMS direkt übertragen werden. Dafür notwendig ist eine Erfassung der Quellen, die als Grundlage des fortlaufenden Verbesserungsprozesses (FVP, auch als KVP bekannt) herangezogen werden können. Zu den Quellen gehören Ergebnisse von Audits und Managementreviews sowie Informationssicherheitsvorfällen. Ggf. werden weitere Quellen zum FVP schon in den anderen Managementsystemen des IMS genutzt.

Die ISO 45001 gibt im Normanhang A.10.3 weitere Hinweise auf potenzielle FVP-Quellen, die auch für das ISMS herangezogen werden können, z. B. neue Technologien. Des Weiteren gibt es Hinweise, dass Verbesserungen unter Berücksichtigung angemessener Ressourcen und klarer Zuordnung von Verantwortung zu erfolgen haben. Dabei ist sicherzustellen, dass notwendige Änderungen am ISMS infolge von FVP-Maßnahmen nicht zu einem Verlust an Wirksamkeit des Managementsystems oder dem Niveau der Informationssicherheit führen dürfen.

Hinweise: Im Gegensatz zu den bekannten Normen ISO 9001, 14001 und 45001 sowie weiteren ISO-Managementsystemnormen ist das Normkapitel „Fortlaufende Verbesserung" vor das Normkapitel „Nichtkonformität und Korrekturmaßnahmen" gerückt. Mit diesem Schritt wollte die ISO der fortlaufenden Verbesserung und somit der Vermeidung von Fehlern den Vorrang vor der Behebung (Korrektur) von aufgetretenen Fehlern einräumen.

Das bei der ISO 9001, 14001 und 45001 vorangestellte Normkapitel 10.1 „Allgemeines" ist ganz entfallen. Die Inhalte sind auf die beiden anderen Sachkapitel verteilt worden.

Normkapitel 10.2

6.8.2 Nichtkonformität und Korrekturmaßnahmen

Kompatibilität: **A – Kompatibilität hoch**

Erläuterungen: keine

Forderung des ISMS: Informationssicherheitsrelevante Nichtkonformitäten (Fehler) und Informationssicherheitsvorfälle müssen durch Maßnahmen zur Überwachung und Korrektur behandelt werden. Die Behandlung umfasst

- die Überprüfung der Nichtkonformität,
- die Ursachenanalyse inkl. vergleichbaren Auftretens an anderer Stelle,
- die Festlegung des Umgangs mit den Folgen,
- die Einleitung von Maßnahmen zur Korrektur und die Überprüfung ihrer Wirksamkeit,
- ggf. die Vornahme von Änderungen am Managementsystem und seinen Prozessen.

Die Korrekturmaßnahmen müssen der Bedeutung der Informationssicherheitsfehler angemessen sein. Dokumentierte Informationen über die Nichtkonformität sowie die Art der Behandlung (Maßnahmen) und deren Ergebnisse (Wirksamkeitsüberprüfung) sind zu führen.

Integration ins IMS: Die drei Managementsysteme des IMS erheben weitgehend vergleichbare Forderungen bezüglich des Umgangs mit Fehlern. Im ISMS wird der Begriff Fehler um die Begriffe Informationssicherheitsereignis und Informationssicherheitsvorfall erweitert.

In der Regel liegen im IMS für den Umgang mit Fehlern/Nichtkonformitäten auch bereits ein oder mehrere dokumentierte Prozesse vor, die von der ISO/IEC 27001 mit genutzt werden können.

To-dos: Die bestehenden Prozesse sind um Detailregelungen der ISMS-Forderungen zu ergänzen. Dabei ist ein Schwerpunkt der Analyse die Ursachenermittlung für das Auftreten von Fehlern/Nichtkonformitäten.

Es besteht die Notwendigkeit, ein Werkzeug oder Tool zur Erfassung und strukturierten Bearbeitung von erkannten Nichtkonformitäten/Fehlern einzusetzen. Dazu könnte eine Abwandlung des aus dem Qualitätsmanagement bekannten 8D-Reports [17] zur Erfassung und Bearbeitung von Informationssicherheitsfehlern oder Beinahefehlern benutzt werden.

Hinweise:

In der ISO 45001 gibt es zwei ergänzende Anforderungen hinsichtlich des Normkapitels 10.2:

- Wenn notwendig, sind externe Stellen und Partner (z. B. Kunden, Lieferanten, Dienstleister) in den Prozess der Vorfallbearbeitung und Korrektur mit einzubeziehen.
- Über Vorfälle, Nichtkonformitäten und Korrekturmaßnahmen ist die notwendige Berichterstattung an alle Beteiligten/Betroffenen im Prozess festzulegen (gilt ggf. auch für externe Stellen).

Wenn diese beiden Forderungen für das gesamte IMS gelten, sollten die Forderungen auch für das ISMS gelten, da Informationssicherheitsvorfälle über die Grenzen der eigenen Organisation hinaus Wirkung entfalten können (z. B. bei der Cybersicherheit/beim Datenschutzverletzung [18]) und ggf. interessierte Parteien von dem Informationsvorfall mittelbar oder unmittelbar betroffen sein könnten. In speziellen Fällen besteht sogar eine Rechtspflicht zur Meldung von Informationssicherheitsvorfällen an Behörden (z. B. BSI, Datenschutzaufsichtsbehörden).

Quellen

[1] ISO/IEC 27001:2022 – Informationssicherheit, Cybersicherheit und Schutz der Privatsphäre – Informationssicherheitsmanagementsystem – Anforderungen

[2] Bundesamt für Sicherheit in der Informationstechnik (BSI)

[3] ISO/IEC 27701:2019 – Sicherheitstechniken – Erweiterung zu ISO/IEC 27001 und ISO/IEC 27002 für das Management von Informationen zum Datenschutz – Anforderungen und Leitlinien

[4] ISO/IEC 27002:2022 – Informationssicherheit, Cybersicherheit und Schutz der Privatsphäre – Informationssicherheitsmaßnahmen

[5] Kallmeyer, Wolfgang: Die ISO 19011:2018 – Audits erfolgreich vorbereiten und durchführen, 2019

[6] Informationssicherheit mit System – Der IT-Grundschutz des BSI, 2021, Bundesamt für Informationssicherheit (BSI)

[7] BSI-Standard 200-1 – Managementsysteme für Informationssicherheit (ISMS), Bundesamt für Informationssicherheit (BSI)

[8] BSI-Standard 200-2 – IT-Grundschutz-Methodik, Bundesamt für Informationssicherheit (BSI)

[9] BSI-Standard 200-3 – Risikoanalyse auf Basis von IT-Grundschutz, Bundesamt für Informationssicherheit (BSI)

[10] BSI-Standard 200-4 – Business Continuity Management, Bundesamt für Informationssicherheit (BSI)

[11] IT-Grundschutz-Kompendium, Bundesamt für Informationssicherheit (BSI)

[12] Tenhagen, Bruno: Zertifizierung nach ISO/IEC 27001 (03650). in: Information Security Management

[13] Kütz, Martin: Controlling der Information Security (03710). in: Information Security Management

[14] Kallmeyer, Wolfgang: Der Auditfragenkatalog zur ISO/IEC 27001 – Fragen finden und im internen Audit richtig einsetzen 2023

[15] Kallmeyer, Wolfgang: Managementreview zur ISO/IEC 27001:2022 (03690). in: Information Security Management

[16] Kallmeyer, Wolfgang: Das integrierte Management-Review – Richtig planen, durchführen, dokumentieren, 2021

[17] Träger, Thomas: 8D-Methode (05871). in: Information Security Management

[18] Groger, Oliver: Datenschutzverletzung – Ein praktischer Ansatz zu Artikeln 33 und 34 der DSGVO (07710). in: Information Security Management